第一次裝潢就上手，
居家風格指南

i室設圈｜漂亮家居編輯部

Content

目　錄

CHAPTER

I

風格小學堂

圖片提供／FUGE 馥閣設計集團

北 歐 風

大量留白、簡潔色彩

Less is more！「需求的滿足」和「問題的解決」，去除華而不實的設計和譁眾取寵的需求，是北歐風的註解之一。只要選擇「對」的材質，時間將成為最好的裝飾。現代北歐風強調的是一種簡約、實用且舒適的精神，現今流行的北歐風多為 mix & match 路線，可以是白色空間搭配大地色系的沙發，混搭條紋或格子的軟件，甚至使用了部分鄉村風元素的飾板，或是帶點古典風優雅線條的桌椅，只要它是看起來舒服的，並且便利生活使用，就能體現北歐風居家的主要念。

由於北歐天候長達半年的「永夜」，北歐人很長一段時間需待在室內，所以在居家環境的需求上，除了重視舒適與美感外，對居家環境規劃有非常多出自於實用機能的想法。基於對大自然尊重與珍惜，多會使用保存良好的二手家具，家具造型多以實用、作工精緻為基礎。除了追求簡約的設計風格外，對於顏色的拿捏也與生活環境有關，在純白與木質色中搭配鮮明的色彩，在寒日中帶來正面力量。

圖片提供／FUGE 馥閣設計集團

LOFT 風

挑高無隔間，原始不經修飾的獨特氛圍

Loft 一詞原本指的是倉庫、閣樓等空間，起源於 40 年代的美國紐約，藝術家因無法負擔市區昂貴的房租加上又有大量蒐藏的需求，因而將廢棄的廠房改裝成居家，結合工作室或藝廊的形式。隨著時間的推移，這種展示空間逐漸與居住空間結合，形成了一種新的裝潢風格。當時的他們因為缺乏裝潢經費，所以選擇保留了硬體磚牆結構，包括裸露的牆壁、柱子、未經修飾的水泥牆、外露的電線和水管，以及鏽蝕的鐵製樓梯。這些元素成為 Loft 風格的重要特徵，展現了一種自然、粗獷和頹廢的自由奔放感，也是許多人喜愛 Loft 風格的原因。

Loft 風格最明顯的特徵就是開闊又挑高的空間，以及裸露的原始硬體，有時會規劃上下層的夾層複式結構，裸露有如戲劇舞台鷹架搭景效果的樓梯和大樑，空間裡沒有特定隔間，減少私密程度，頂多就是臥房及衛浴會稍加遮蔽，整體開放無障礙；因此，也讓空間具有相當大的靈活性，可以隨心所欲安排空間屬性及創造個性化的生活態度，而開放又挑高的形式，也造就必須搭配尺寸比例較大的家具燈飾物件，也是 Loft 居家一大特色。

圖片提供／奧立佛 X 株株聯合設計

工　業　風

工業風家具大多延續 20 世紀初 1930 ～ 1950 年期間，手工業與工業化過渡時期大型工廠使用的家具，當時工廠家具材料多以耐用的鐵、銅等金屬，但因為製作技術並不成熟，因此質感和造型較為粗獷，隨著時代演進，當一些大型工廠紛紛倒閉，開始有人收購工廠家具販賣並再利用於其他空間，工業風格逐漸成型。

工業風歷經不同時期的演變，如今流行於居家空間的工業風大致分為三種類型，一為「Loft 都會工業風」，二是「機械原理工業風」，最後就是近來在台灣形成風潮的「復古混搭工業風」。復古工業風的特色是呈現房屋原貌不修飾，營造洗鍊懷舊的歷史氛圍，水泥粉光牆面提供空間簡樸的印象，舊牆相鄰介面的批土痕跡，能延伸出空間的歷史感、增加人文溫度。家具搭配以舊家具營造頹廢味道，溫暖的中、深咖啡色，平衡大量鐵件材質產生的冷調，讓空間多份沉靜，並流露一種歲月洗禮的滄桑感及故事性。

工業風的空間能延續屋主居住後的生活，讓生活樣貌影響空間風格，生活和空間較容易產生連結，屋主能將興趣蒐藏或者平日使用的東西適度展現出來，空間因此能隨著喜好或心情改變，而不是一次性的室內設計，可以説工業風帶來一種解放的觀念，由於沒有那麼多制式的收納，可以更隨性自在擺放物品，但同時又是一種制約，因為物件沒辦法隱藏，必須隨時隨地整理擺放，因此工業風能為空間帶出更有趣的生活感和更多可能性。

圖片提供／優尼客空間設計

復　古　風

向過去的經典風格致敬，展現現代居家與復古老件的完美結合，例如 20 年代的昭和日式風、50 年代的北歐風、60 年代的普普風、70 年代的台式風格等等，老東西、老物件，存在著歲月流金的韻味，有著難以言喻的吸引力。這些不斷被勾起的美好記憶，和一再重新被珍惜的家具物品，就是有種迷人的味道。

1. 昭和日式風：約在 1920 ～ 1980 年間，室內建材特包含榻榻米、拉門隔間，另外為了配合日本人生活，此時期將西方家具改良，再加上普普風的引進。因此迷你尺寸家具、大量印花是日式復古風裡很重要的元素。

2. 復古工業風：約在 1920 ～ 1970 年間，風格特色是無修飾的天地壁面、磚牆和水泥等原始素材去襯托工業風家具。

3. 普普風：約為 1950 ～ 1970 年間，大量採用大眾文化的語彙─飽和且鮮豔的純色、連續幾何圖形的重覆規律、利用塑料和布料製造家具傢飾，形成極強烈的視覺張力。

4. 復古北歐風：約為 1950 ～ 1970 年間，經典家具特色為淺色木紋、彎曲的迷人弧線，單純簡約的造型，大量運用北歐老件家具點綴居家，空間背景也盡可能簡單留白，讓風格特色更為突出。

5. 台式懷舊風：為 1950 年代末期至 1980 年左右，此風格材質特色是紅磚、水泥、磨石子等原始自然的素材，另外像是長板凳、大圓桌也是普遍的設計元素。

攝影／Yvonne

現　代　風

可塑性高又能帶入個人特色

提到現代風格，很多人馬上冒出線條簡單或非黑即白的既定印象。其實「現代風」隨著 20 世紀藝術發展與時尚流變一路演進，始終與潮流時尚緊密結合，並擁有深度的人文精神內涵，而現代風格的居家設計，更是將時代背景、人的需求、潮流趨勢、個人態度等等元素，轉化成設計的語彙，以幾何、直線、弧線勾勒的簡潔空間框架，透過冷調與暖性材質互用，與家具軟件甚至現代畫作、雕塑等藝術品的搭配，可以酷炫高調，也可內斂低調，形貌包羅萬象，但每個都獨一無二。

除此之外，打破制式格局想像，以居住者生活重心出發思考的格局與動線配置，讓家可以起居空間為中心、以餐桌為中心、以娛樂休閒空間為中心，沒有框限，up to you。跟著時代前進的現代風，材質的運用方式也與時俱進，靈活混用、創新搭配，木料配鐵件，玻璃搭金屬，或是加入環保永續概念的新材質，融入家人需求與生活態度，就是現代風居家的內涵與精神。

圖片提供／創研空間設計

鄉　村　風

鄉村風格是一種追求樸實、自然、濃厚田園氛圍的室內設計風格，主要強調自然材料的運用，如：木材、石材、草編等天然材料是鄉村風格中常見的元素，這些材料的使用賦予空間更自然、溫暖的感覺，打造出具有自然氣息的居住環境。另外，依據區域性的文化特色，鄉村風還可以細分出以下 6 種鄉村氛圍。

1. **南歐鄉村風**：多以石板、木板、陶磚材料為主軸，呈現天然、原始的味道。居家色系則以明亮飽和為主，例如黃色、藍色、橙色、桃紅色以及綠色等，搭配較為豐富，也帶出地域性特殊風情。

2. **法式鄉村風**：深受普羅旺斯、波爾多等田園居家風格影響的法式鄉村風格，非常偏愛曲線，無論是洗白或是原木色系，家具、設計語彙都有一定的弧線，巧妙帶出空間流暢感，整體感覺非常優雅、尊貴且內斂。

3. **英式鄉村風**：小碎花、格子圖案是英式鄉村風格的主調，窗簾、布藝、壁紙都少不了它，另外，沙發多以手工布面為主。

4. **美式鄉村風**：空間多以牛奶白或色彩較為柔和的色調為主，展現明亮、舒適的居家氛圍。小碎花布、格紋與條紋在美式鄉村風格中佔有重要地位，布料材質則多以棉、麻等天然材質為主。

5. **北歐鄉村風**：色系單純自然，多半為清爽的白、米白、原木色系，另外，空間規劃多採開放式，並搭配平整直線條或流線型的居家動線，相互製造空間放大感的舒適格局。另外，在家具上北歐人有延續使用舊家具的習慣，除了保留原本色系之外，也會將家具做刷白處理。

6. **日式鄉村風**：空間大量運用白色，並搭配原木家具傢飾，不僅清爽無負擔，原木還又帶出了鄉村風應有的樸拙可愛。

圖片提供／摩登雅舍室內設計

美　式　風

線板、壁爐、布沙發打造溫馨舒適氛圍

美式風格注重簡約而柔和的空間設計，相較於古典風格和極簡風格更具溫暖感。以線板、廊道、拱門和門框等元素營造變化，透過油漆、壁紙和家具花色增添溫馨氛圍。美式家具則以胡桃木和楓木為主，貼面採用複雜的薄片處理，凸顯木質紋理成為裝飾，展現耐看特質。另外，油漆以單一色為主，與歐式家具不同，避免金色或多彩裝飾條。裝飾上融合歐洲風格和美國特有圖案，使用鑲嵌和淺浮雕刻手法，展現獨特風格。實用性強調，家具功能多樣，如專為縫紉的桌子或可延伸的大餐檯，五金裝飾注重細節，呈現多樣風格。除此之外，美式風格居家佈置偏愛低調奢華，特別偏好留有使用痕跡的木質家具，例如擁有一張家族傳承、使用過的舊家具更受歡迎，成為居室焦點，彰顯對文化和歷史的重視。而典型的美式家具表面油漆偏向深褐色，追求越舊越好的風格。整體而言，美式風格以溫馨、簡約和注重細節的居家風格為主。

圖片提供／奧立佛 X 株株聯合設計

日式無印風

日式無印風的獨特特色源自日本的美學理念，其核心價值在於追求簡約、自然、和樸素的生活方式。這樣的風格深受日本品牌 MUJI（無印良品）的啟發，MUJI 強調無品牌標誌和精簡設計，將這種理念轉化成一種具有獨特韻味的居家風格。

日式無印風強調簡潔和樸素，這意味著去除多餘的裝飾和繁複的設計，強調基本而實用的元素。室內家具和裝飾的設計常以簡約的線條和中性的色彩為主，創造出一種乾淨而整齊的空間。其次，這種風格注重自然和諧，常見的元素包括自然光、自然材料和植物，家具和裝飾多使用木材、竹子等天然材料，以建構一種親近自然的氛圍。

此外，這種風格強調整體的和諧感。室內設計追求整體空間的平衡，包括家具的搭配、色彩的選用，以及整體的佈局，力求達到一種平靜而和諧的感覺，使居住者在這樣的環境中感受到安寧和放鬆。整體而言，日式無印風的居家中，一切的擺置皆為「輕量無負擔」，平衡了現代龐雜快速的生活型態，讓人感受到「在家就貼近自然」的放鬆，無非是身心靈最佳的紓壓居所。在於天地壁、家具傢飾與光源的要件，則都離不開生活感、潔淨素雅、貼近自然、輕鬆無礙等概念。

圖片提供／奧立佛Ｘ株株聯合設計

侘　寂　風

侘寂，因為美國名媛 Kim Kardashian（金・卡達夏）耗資 6,000 萬美元打造的家被大眾認識，其實侘寂風源於日本茶道，是一種尊重事物隨時間流逝產生變化、接受短暫和不完美為核心的日式美學，強調穿越表象，追求事物的本質，長久以來影響日本的文化以及審美，在歲月的流觴中，到現代成為追求質感、品味以及進階生活的代名詞。

自 2020 年起延燒至今的疫情，點燃人們對於平靜、心靈上滿足的渴望，進而影響看待生活的方式，住宅空間自然而然地趨向質樸、簡單、純粹，成為侘寂美學漸受矚目的原因。來自東方的侘寂美學在歐美形成一股豪宅流行的新顯學，打造這樣的空間，在空間劃分上應捨棄「物盡其用」的想法，在滿足最基本的機能需求後，盡量騰出「空」，以開放的格局串聯公、私領域，創造空間的通透感，也讓整體動線流暢，不利用過多的設計填滿，保留人與空間對話的可能性，形塑一方讓人感到沉穩、平靜的天地。在於燈光情境上，侘寂講求創造出能讓內心感到寧靜樸實的氛圍，太白、太強的光源，會破壞整體的和諧，讓神秘感消失殆盡。

圖片提供／覺知造所

鄉村風細節較多、木作油漆費用高

在設計發想的一開始，大部分的設計師都會鼓勵業主去尋找 10～15 張他們喜歡的室內設計圖片，再去協助業主去釐清他們真正想要的風格和空間的調性。但也必須就案件本身的空間特性去分析，並且判斷什麼樣的風格在業主的空間與預算下是可行的。風格與價錢並不一定有直接的關係，設計細節和材質質感才是影響預算的重要因素。

但大體上來說，新古典風格通常都會有比較繁複的天花板細節和牆面的線板，會使得木作和油漆的費用提高。但如果是北歐風或現代簡約的設計，或許可以透過留白的設計，以及利用一些設計單品來營造氛圍，例如經典的名椅和家具來提升整體的空間質感，初期可以在硬體的預算上省些費用，日後再逐漸增加擺設和家具。

另外舉鄉村風格為例，因此風格強調自然原始的氛圍，在挑選材料上或許會使用到實木、仿古材料，這些價格可能相對較高。其次是木作施工和特殊壁紙的使用比例也會比其他風格來得高，建議可依據場域的重要性去做合理的分配表現。而像是工業風或是LOFT 風格，如果是新成屋改造，可能須提高拆除比例，彰顯無隔間的開闊尺度，且這二種風格雖然多數會捨棄天花板施作，但相對裸露管線排列的整齊性也相對重要，費用不見得會便宜。

鄉村風格的硬體裝飾比例較高，材質搭配性也多，需要較高裝修預算。　圖片提供／摩登雅舍室內設計

風格與預算配置的關係	
風格	預算配置
北歐風	☑ 可著重家具單品費用 ☑ 留白比例高、硬體裝修可降低 ☑ 擺設軟裝逐步增加
LOFT 風	☑ 管線配置費用高 ☑ 加重拆除費用表現空間感
工業風	☑ 獨特二手家具、燈具費用比例高 ☑ 特殊牆面：如裸露磚牆、仿舊處理預算較高
復古風	☑ 加重特色老件家具傢飾預算 ☑ 加重牆面裝飾、材質預算比例
現代風	☑ 如要凸顯精緻度，可加重石材預算 ☑ 家具單品質感訴求高
鄉村風	☑ 加重木作預算 ☑ 如使用實木、造型櫥櫃也會提高費用 ☑ 軟裝家具的預算較高
美式風	☑ 線板、壁爐材料與木作費用較高 ☑ 加重家具搭配與燈具的預算
日式無印風	☑ 可用活動櫃體取代木作降低預算 ☑ 硬體裝修比例可降低
侘寂風	☑ 特殊紋理的藝術塗料預算高 ☑ 需提高家具與軟裝預算比例

色彩：根據風格找出特定顏色

北歐風

色彩特徵：運用色彩是北歐人的美感和生活感受體現，他們認為一個居家空間使用的顏色，可以代表一個人的個性。例如：有小孩的家庭中多會使用較為飽和的顏色和比較活潑的圖騰花樣，展現活力和繽紛感；個性比較沉穩內斂，就會使用大地色系或偏深色的顏色；個性溫暖柔和的人，就比較傾向使用帶點白色和灰色的粉嫩色，如灰藍或淡黃。

LOFT 風

色彩特徵：建築風格通常改建自倉庫或工廠，以裸露的樑柱和管線結構展現粗獷、不修飾的效果。為突顯其特色，常搭配冷色系如黑、藍、灰等，呈現冷冽感卻與建築相協調，表達出率性不需遮掩的感受。然而，Loft 空間並非僅限於古舊工業風格。運用暖色系基調的家具和裝飾，如壁面大面積的溫暖色塊，能使整體風格更具層次和呼應。若擔心比例配置，可從小件家具傢飾入手，如單椅、抱枕、相框等，添加多彩色元素，平衡空間中黑、白、灰、紅磚等單一色調。

工業風

色彩特徵：工業風令人印象深刻的特點就是硬裝，刻意突顯房子的歷史或原始風貌。在顏色方面，當然是以建材的原色為主，例如混凝土的灰色、紅磚牆的紅色、以及灰泥漆面的白色，透過建材的紋理展現變化和視覺層次。因此，工業風格偏好深沉的色調，如灰色、深藍、棕色和黑色。金屬元素的使用也是其特點，如鐵、銅和鋼。

復古風

色彩特徵：通常以暖色系為主，常見的色彩包括咖啡色、奶油色、橄欖綠、淺藍等，這些色調能夠營造出懷舊、溫馨的氛圍。此外，復古風格也喜歡運用濃厚的木質元素，如深色實木家具或古董家具，這些能夠賦予空間更豐富的質感。

現代風

色彩特徵：現代風格常採用白、灰、黑和棕、深木色等中性色調，在家具和傢飾方面，有更大的靈活度，尤其在色彩搭配上可以追求對比或相襯效果。現代風格的室內軟裝色彩，除了黑與白以外，並非必須選用鮮豔耀眼的色調，可以運用中性的灰色階和大地色系進行搭配，透過一冷一暖的色調平衡，營造出空間的寧靜效果。

鄉村風

色彩特徵：偏向柔和的色彩，如淺綠、淡藍、粉紅和奶油色。這些色彩能夠模擬大自然的色彩，創造出舒適和親切的感覺。其中像是日式鄉村風，則多以白色為基調，為的就是要空間看起來更乾淨、無壓。北歐國家冬季漫長又寒冷，為了讓人們能長時間待於室內，而不感覺到不自在，以白為基調的空間自然得到大家的喜愛。當然，喜歡用鮮明色彩做點綴的北歐人，在居家空間上，也會適度加入其他顏色做調和，平衡純白空間也增加視覺豐富性。

美式風

色彩特徵：美式裝潢風格經典的色彩技巧主要以溫暖自然調為主，常見的配色包括米色、赤陶色、柔和的藍色、深淺不同的綠色和棕色，例如小麥色搭配白色櫃體顯現休閒與放鬆、也可以用中性灰為主色調，創造安靜氛圍，抑或是以鵝黃色鋪陳空間，藉由暖色系的柔和氛圍與深色系家具相互襯托。

日式無印風

色彩特徵：在日式無印風格的家居中，一切擺設都追求「輕量無負擔」，這種設計風格平衡了現代生活的繁忙和複雜，讓人感受到在家中能夠真正貼近自然，享受放鬆的感覺，成為身心靈最理想的紓壓空間。在色彩選擇上，以白、米、杏、土、木色等大地色系為主，注重整體視覺上的和諧感。

侘寂風

色彩特徵：許多空間通常以中性色為主，不太適合出現引人注目的跳色或高彩度的色塊，樹木、砂土、石頭以及鏽化的金屬都可以成為侘寂風格的用色靈感。採用低彩度的色系，將相近的色階巧妙延伸，能夠營造出空間中輕鬆的氛圍。此外，透過調整色塊的比例，也能夠使空間更具層次感，提升質感。

圖片提供／十一日晴空間設計

風格與色彩的關係	
風格	**色彩特徵**
北歐風	淺色中性色調、灰藍、淡藍為主
LOFT 風	黑藍灰冷色調，可局部點綴暖色
工業風	深沉色調＋金屬元素
復古風	暖色調為主，如橄欖綠、咖啡色、奶油色，搭配木質色
現代風	白、灰、黑、棕和深木色等中性色調
鄉村風	白、粉藍、粉綠、奶油白等大自然柔和色系
美式風	經典純白色、柔和清新的色調，如天空藍、淺棕色、鵝黃色等
日式無印風	白＋木色、木色＋低彩度色系
侘寂風	中性、低彩度顏色

CHAPTER

2/

北歐風

圖片提供／FUGE 馥閣設計集團

北歐風訴求去除華而不實的設計和譁眾取寵的需求，在建材的使用上，承襲過往的歷史，本身木材資源豐富且容易取得，因此在建築中使用相當多的木頭，並且輔以便利取得的玻璃和鐵件等金屬材質作為搭配使用，而能增加溫暖感的布織品運用也是軟裝潢的要件之一。

/ 設計細節

How to do?	
簡約天花設計	☐
局部加入木質材料	☐
僅做局部天花，維持樓板高度	☐
斜面天花板營造自然舒適的悠閒氛圍	☐
善用地毯增添溫暖舒適	☐
巧妙選擇地板顏色，有效區隔空間	☐
自然淺木紋放大空間感	☐
不規則木邊材拼接特殊地板	☐
避免使用過多「固定式」裝潢櫃體	☐
藝術壁貼輕鬆轉換氛圍	☐
水泥質感營造個性北歐風	☐
磚與石材複製自然原貌	☐

天 花 板

Point1. 簡約天花設計

北歐居家設計通常以簡約俐落為主，天花板常**使用裸露或平頂式設計**，避免過多繁複裝飾，著重於塑造空間簡潔的線條，讓居住者有更多的發揮空間。

Point2. 局部加入木質材料

想營造簡單自然的北歐家居，但又不希望讓空間氣氛變得太過冷硬，天花板加入**局部木質元素**是很好的選擇，木材可調節溫度與濕度的特性，加上**溫和質樸**的色澤，也為家注入休閒氣息。

Point3. 僅做局部天花，維持樓板高度

想營造出北歐風的通透性，不僅可透過移除隔間實現，天花板的「視覺」高度也能產生意想不到的效果。若樓板並非特別高，且希望巧妙隱藏管線，可考慮**將管線整理整齊直接外露**，或漆成天花板同色，既保留空間高度，又有效控制預算。

Point4. 斜面天花板營造自然舒適的悠閒氛圍

針對新成屋住宅，也可以考慮將**天花板局部以斜面拉高**處理，不僅有效提升空間高度，更具有裝飾樑柱的效果，同時**打造出北歐小木屋的溫馨感**。一方面還能搭配仿水泥質感的系統板材，展現出符合北歐風格所追求的自然風味。

地　板

圖片提供／FUGE 馥閣設計集團

Point1. 善用地毯增添溫暖舒適

北歐人習慣在客廳或臥室地板鋪設地毯，一片樸素的**中性色地毯**便足以轉變整個空間的風格，同時**帶來溫馨舒適**的感覺。台灣雖然沒有這麼寒冷，但也可選擇厚薄不同的地毯來為空間增色。

Point2. 巧妙選擇地板顏色，有效區隔空間

欣賞北歐居家風格的開放空間，但同時希望營造區域感。不妨選用**相同的木頭材質**，但透過**不同色澤的搭配**性，例如客廳區域選用原色橡木地板、窗邊廊道改為搭配深色的煙燻橡木，形成清晰的分區界定。

Point3. 自然淺木紋放大空間感

北歐風格的空間給予人一片純白的印象，即使在淺色調中，仍能透過材質的精心挑選，例如選擇有紋理的自然材質來鋪設地板，以營造豐富的視覺層次和空間區隔感。特別是**淺色地板**，不僅使**視覺感受到延伸的效果**，北歐居家經常將木地板塗成白色，或是選擇帶有紋理的淺色材質，以打造更豐富層次的視覺效果。

Point4. 不規則木邊材拼接成獨特地板

北歐人對於物盡其用的環保和永續概念非常重視，這種價值觀也實際體現在他們的居家生活中。許多形狀**不規則的邊材或回收木料**，通常被忽略，但透過巧妙的構思，將它們**拼接成獨特而個性化的木地板**，更能充分展現北歐風格的精神內涵。

牆　面

圖片提供／森壘設計

Point1. 避免使用過多「固定式」裝潢櫃體

北歐風格的家居傾向避免過度固定的裝潢，而是更**傾向選用獨特的可移動櫃體**。因為裝潢並非主角，而是注重居住其中的人如何巧妙運用家具和擺飾，打造出簡約、自在、舒適的北歐氛圍。

Point2. 藝術壁貼快速營造北歐氛圍

厭倦了單調的牆面嗎？想要營造北歐風格最快速的方式，可以在簡單乾淨的白牆選用各種藝術壁貼，例如**自然素材圖像**，有些甚至附有粉筆能當作黑板牆使用，各種藝術性的裝飾，輕鬆美化牆面。

Point3. 水泥質感營造個性北歐風

北歐住宅空間強調溫暖木質調性，但如果想要牆面有些變化性，不妨挑選公共廳區一道主牆刷飾**原始粗獷的水泥粉光**或是**仿水泥質感塗料**，再搭配獨特的家具和裝飾單品，即可呈現充滿人文和個性化的北歐風格。此外，管線刻意裸露，避免了多餘的木飾，呈現一種簡約而自然的美感。

Point4. 磚與石材複製自然原始風貌

北歐許多住宅本身就以磚牆建造，他們喜歡保留這種原始風格，通常簡單塗上油漆，散發懷舊和歷史的氛圍。若想在家中營造這樣的感覺，建議將重點放在一面牆上進行處理，可以考慮使用**保有石頭質感的文化石**，或者選擇**仿石系列健康磚**，不僅可以調節濕度、去除異味，還能吸附甲醛等有毒物質，打造出健康的牆面。

How to do?	
點綴藍綠配色	☐
以顏色表現居住者個性	☐
寧靜平和的柔和色調	☐
簡化色調打造現代北歐	☐
亮色塗料點綴	☐
提高木質比例	☐
白與木質，明亮溫暖	☐
明亮軟裝色注入活潑感	☐

北歐風
配色攻略

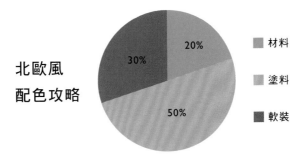

材料
塗料
軟裝

Point1. 點綴藍綠配色，清新宜人

藍色與綠色的巧妙搭配，猶如引進天空和大自然的色彩，再搭配純淨的白色牆面，使整個空間增添了一份寧靜與閒適感。建議將藍色與綠色運用於局部牆面或家具上，保持空間以白色為主調，透過這樣的配色方式，創造出穿插跳躍的視覺效果。這樣的設計風格使整體空間依舊以純白為基調，同時在局部細節中呈現藍色與綠色的鮮明對比，打破單調，營造出清新宜人的氛圍。

Point2. 以顏色表現居住者個性

北歐風格的居家注重透過巧妙運用顏色展現主人獨特的個性。在色彩搭配上，可選擇溫暖的中性色調，如米白和淺灰，營造舒適自在的空間感。搭配少量深沉的大地色，增添居家的穩重氛圍。對於喜愛活潑感的居住者，可融入豐富且飽和的色彩，如深藍或暖橙，打破單調，營造充滿生氣的氛圍。精準運用顏色，不僅使居室更具居住者獨特風格，同時也提升了空間的整體舒適感。

Point3. 讓人寧靜平和的柔和色調

北歐風格的室內設計常以木質和白色為主要元素，原木裝潢是不可少的特色。透過大量木頭色調，營造溫馨的氛圍。單一的白色或許顯得冷清，因此在空間中通常會添加淡色為主調，如淡黃或淡綠色調，營造溫暖寧靜的北歐氛圍。

Point4. 簡化色調打造現代北歐

北歐風格本來就深受現代風影響，若想更強調現代感，可以考慮對顏色進行簡化。選用像岩石的淺灰色、深灰色、純黑、純白和深褐色，並融入一些幾何圖騰元素，這樣就能打造既現代又具都會個性的北歐風格。此外，在以白色為主的空間中加入這樣的元素，也有助於營造穩定的氛圍，讓人心情更為平靜。

圖片提供／森叄設計

Point5. 亮色塗料點綴提升視覺亮點

北歐風格的居家空間以木質調為主，透過巧妙添入明亮顏色的建材，成為**視覺提升的亮點**，深淺配色更加豐富空間層次感。木材帶有黃色調，建議選用同樣屬於暖色系的橘色牆壁、黃色門框，以增添溫暖氛圍。若擔心暖色調過於濃重，可巧妙穿插冷色調，挑選那些能帶來溫馨感的色系。

Point6. 提高木質比例、轉化設計增添層次感

北歐風格並非僅限於灰、黑、白三種色彩，實際上許多北歐空間也融入了屬於大地的色彩。舉例來說，增加木材的比例，搭配家具或裝飾品，使木質調性在灰、黑、白的背景中更為突顯，讓整個空間呈現出更溫暖的氛圍。另一種方式是**轉化木色為空間的線條感**，例如將條紋狀的原木視為空間設計的線條，再搭配大面積的塗料，形塑出具有立體視覺感的空間觀感。這樣的設計讓居家在溫暖的木色環繞下，不僅在視覺上保持美感，更增添了層次感。

Point7. 白與木質，明亮溫暖的北歐風

對於北歐風格，很多人印象中以「白色的空間」為主，其留白的設計理念在於增加居家的明亮感，同時使居住區域呈現更為寬廣的感覺。建議在有限坪數的空間中，避免過多元素的擁擠感，是北歐風格的重要特點。因此，**單一的材質可以維持空間的輕盈感**，建議可挑選一種喜愛的建材，使其在空間中佔據主導地位，成為主視覺焦點，從而賦予空間獨特的風格。

Point8. 明亮軟裝色注入活潑感

喜歡北歐風格的人，通常追求相對寧靜和輕鬆的居家空間。然而，有時候純粹的寧靜也可能顯得單調。透過巧妙的軟裝搭配，例如更換窗簾或抱枕套的色調，甚至選用明亮的色彩，都可以為空間注入一些活力。在挑選顏色時，可以先確定大型家具的色調，再進一步選擇小型家具的色彩。希望空間豐富多彩，建議**每個空間的主要色彩不要超過三種**，花樣的選擇也不要超過三種。此外，**色塊的顏色可與花樣的顏色相同或相關**，以維持整體的協調感。

圖片提供／ FUGE 馥閣設計集團

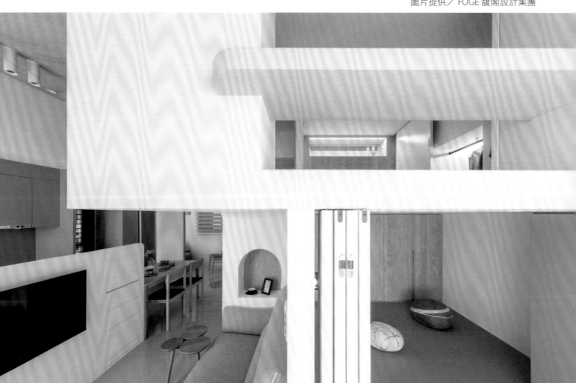

How to do?	
活動家具取代木作更具靈活彈性	☐
木質餐桌椅展現自然簡約感	☐
造型簡潔、線條俐落的家具	☐
以立燈、吊燈取代天花板嵌燈	☐
提升放鬆感的低位置吊燈	☐
善用銀器、盆栽、玻璃瓶佈置	☐
現代風格畫作、海報	☐
自然花卉植物點綴餐桌	☐

Point1. 活動家具取代木作更具靈活彈性

北歐居家風格注重利用家具展現個人生活面貌，通常避免過多的木作，而是**偏好挑選具有機能性與美感的活動式櫃體**。這樣的設計風格使空間更加具有靈活性，能夠隨著生活變動而進行彈性調整。北歐風格強調實用性，因此在選擇家具時著重於滿足日常需求，同時注重外觀設計。活動式櫃體不僅提供儲物功能，還能為居家環境增添美感，讓家居空間更具個性化。這種注重實用性與美感的家具配置方式符合北歐風格的簡約、實用、並強調個人品味的特點。

Point2. 木質餐桌椅展現自然簡約感

延續北歐人傳統的就地取材習慣，當地常見的**餐桌椅多以原木製成**，主要材質包括樺木、橡木、松木、梣木等實木，也可考慮實木貼皮的選擇。若嚮往傳統北歐風格，建議選用這些天然木材，不僅保留傳統風格，同時展現自然的質感與簡約美感。

Point3. 造型簡潔線條俐落的家具

欲營造北歐風，家具的造型和線條成為重要考慮點，著重於**簡約、不過分裝飾且流暢的線條是必要條件**。北歐風格偏愛簡約設計，許多 50 年前的家具仍然保有時尚有型的特質。以圓點結合線條，或是老舊家具搭配繪有時間感的幾何圖形，加上中性的大地系顏色的布料，以及編織出的立體觸感，都是重要的經典元素，能夠營造出 60 年代的氛圍。搭配舊貨老件，融入摩登復古元素，使整體空間展現出濃厚的時代風采，符合北歐風格的簡約、自然和摩登復古的特點。

Point4. 以立燈、吊燈取代天花板嵌燈

不用做華麗的天花板嵌燈，善用立燈、吊燈去創造北歐風的溫馨感，例如牆面裝修階段就先拉好電線線路，之後可以直接透過壁面開關去控制立燈的電源，使用起來更為方便實際。事實上，歐洲一些歷史悠久的公寓住宅在天花板處都沒有設電源路線，也是利用相同手法創造客廳主燈，例如選擇一盞**向上打光的落地立燈**，燈光照到天花板後再反射下來，這樣的間接光源可**為空間製造寬度**，而且對於空間不大的客廳來說，用一盞立燈當作主燈，或許再搭配其他桌燈或吊燈，亮度就已足夠。

圖片提供／Design Butik 集品文創

Point5. 提升放鬆感的低位置吊燈

除了立燈，北歐風格居家在餐廳或客廳都常採用吊燈，但是要選在不影響動線的地方，懸掛在餐桌正上方或客廳茶几上的吊燈都不會影響動線，北歐風居家中尤其會採較低位置的吊燈，例如**距離餐桌 60 ～ 80cm 的位置就是一大原則。照明位置變低，人的視線跟著降低，進而降低壓迫感，提升放鬆感。

Point6. 善用銀器、盆栽、玻璃瓶佈置

不妨用銀器飾品來展現北歐風簡潔乾淨的特性，或用綠色植物盆栽為室內帶來自然氣息，另外各式**各色的玻璃杯、造型花瓶**也都是北歐風格佈置常常會用到的擺飾，例如在柚木矮櫃上、茶几上、窗台邊都是這些傢飾品表演的舞台。

Point7. 現代風格畫作、海報

北歐風格居家中最常見到充滿現代抽象風格的畫作，想要營造北歐風格，可以在素淨、純白的牆面掛上偏現代感的畫作或海報，或是把**蒐藏的海報直接隨興擺在地上**，但要注意偏古典系列或印象派的人物畫、花草畫作都不太適合北歐風格。

Point8. 自然花卉植物點綴餐桌

餐桌上最好以自然花卉點綴餐桌，在嚴冬季節也可擺設乾燥花作為裝飾。餐桌上的花卉擺設，必須注意**花朵的高度不要超過視線高度**。一般來說，餐桌花卉是家居餐桌擺設的氣氛點綴，而非桌面中央放置個壯觀的大盆景。可發揮巧思運用生活容器（如牛奶壺等），當作花瓶使用，表現講究生活創意的北歐特色文化。

圖片提供／Design Butik 集品文創

CHAPTER

3 /

LOFT 風

起源於 40 年代的美國紐約，Loft 風格是由設計師和藝術家們推崇的潮流，現已演變成都會摩登生活的前衛時尚。這種風格特色包括無隔間的挑高開放空間、裸露的原始硬體、將藝術品味與工作室融合、前衛的復古風格以及大尺寸的家具等。Loft 風格不僅僅是一種居住方式，更是一種生活態度，將空間打破界限，追求簡約而豪放的設計。在台灣，越來越多的人選擇將老屋改造成 Loft 風格的居家環境，將這種前衛而自由的生活方式引入日常。

How to do?	
裸露管線漆成白色	☐
原始裸露的天花板	☐
未加修飾的電線管路	☐
木材、鋼樑刷色復舊	☐
水泥粉光形塑粗獷、個性感	☐
復古木質地板營造自然氛圍	☐
保留舊磨石子、石材地坪帶出懷舊感	☐
無接縫磐多魔地板貼近自然感	☐
水泥牆面展現自然、不造作美學	☐
夾板、板材拼接成為醒目焦點	☐
冷調灰文化石展現粗獷效果	☐
紅磚牆面挹注自然質樸感	☐

天　花　板

攝影／Sam

Point1. 裸露管線漆成白色

若要展現裸露的管線,與**牆面顏色相協調可有效減少視覺混亂感**。白色的天花板具有增強明亮度和空間擴大感的效果,有助於突顯挑高的氣勢。同時,這樣的設計不僅可以簡化視覺印象以避免混亂,也能保留原始的粗獷質感。

Point2. 原始裸露的天花板

Loft 風格特色是盡可能展現空間原始風貌,因此天花板經常是裸露的水泥面以及直接裸露橫樑結構,既沒有浮誇的裝飾也沒有用塗料去修飾,**保留粗獷且原始的隨性感**,完美呼應了 Loft 的精髓。

Point3. 未加修飾的電線管路

Loft 空間的設計風格注重簡約,以簡單的黑白灰為主調,天花板上的電燈電線通常也不會包覆、而是直接裸露,營造出一種原始、質樸的氛圍。除此之外,照明設計講究形式感,通常**採用自然光線,不常使用繁複修飾的重點照明**。

Point4. 木材、鋼樑刷色復舊

Loft 風格若採用木橫樑設計,建議**木頭可刷色仿舊**處理,帶出粗獷調性,另外像是老房子常見**鐵皮屋裸露的鋼樑結構**,也可以**透過塗料刷色覆蓋手法**,直接漆成黑色或其他重色調,就可以很有味道。

地　板

攝影／ Yvonne

Point1. 水泥粉光形塑粗獷、個性感

以開放空間為主要設計的 Loft 風，地坪可說是決定風格是否到位的重要角色，掌握自然
不做過多加工，常見水泥粉光地板，原始、質樸的感覺，創造出粗獷、有個性的氛圍。
但要提醒水泥粉光之前，可先以鐵網打底，增加強度，避免日後出現明顯裂縫。

Point2. 復古木質地板營造自然氛圍

如果偏好較溫暖的調性，也可以選用復古風格的木質地板，例如質感突出的實木地板或
是模擬老舊感的復古木地板，營造出富有歷史感的氛圍。

Point3. 保留舊磨石子、石材地坪帶出懷舊感

無須特意加工、自然隨興是 Loft 居家的精神，因此如果是老房子也不一定要全面改造、換新，例如過去常見的磨石子地板反而與復古、懷舊氛圍更為吻合。另外像是**蛇紋石地坪**只要經過**打磨、拋光、重新上蠟**，也很有復古風，可以成為空間的特色。

Point4. 無接縫磐多魔地板貼近自然感

以磐多魔地板賦予空間質樸情調，其高硬度、無接縫的特性令其與萊姆石媲美，完美迎合 Loft 風格所需的自然感。此外，磐多魔地板基於水泥基底，**可根據需求添加多樣色彩**，因此適用於不同風格的搭配。其獨特的設計不僅突顯空間的簡約風格，同時保留著質感豐富的特點。選擇磐多魔地板，不僅為 Loft 風格的居家環境注入自然之美，更提供了多樣化的風格搭配可能性。

牆　面

攝影／ Yvonne

Point1. 水泥牆面展現自然、不造作美學

不著重於精緻和平整，未經過修飾的水泥牆面呈現出手工打造的粗糙質感，是 Loft 風格強調的生活態度與美學。這種未經處理的牆面，如同用手觸摸時感受到的手感，更加凸顯原始風貌。然而，若選擇使用粉光或油漆進行牆面裝飾，建議先進行打毛處理或裸露磚體，以確保水泥在重新粉光時能夠更加牢固。

Point2. 夾板、板材拼接成為醒目焦點

想要 Loft 風格更具個性化的話，不妨試試看夾板或是板材拼接，以夾板來說可以先經過染色處理，搭配特殊的 V 字形拼貼、排列時可以深淺錯落作為排序。另外也可以選用二手木板拼組成一面牆玩出新變化，讓多半以中性色調為主的 Loft 空間擁有新樣貌，也更為活潑。

Point3. 冷調灰文化石展現粗獷效果

與一般使用白色文化石不同，選擇冷調的灰色，可以避免與鄉村風格產生聯想。這種設計強調原有牆面的粗糙質感，使文化石磚展現出極具 Loft 風格的特點。透過灰色調的選用，更加突顯出空間的獨特性，在 Loft 風格的呈現上帶來一種新穎的視覺感受，彰顯獨特的生活風格。

Point4. 紅磚牆面挹注自然質樸感

Loft 風格強調原始質感，可選擇以紅磚牆面為主題，營造出獨特的居家氛圍。紅磚代表工業美學，為空間注入歷史厚度。選用不規則擺放的紅磚，打破傳統規則，呈現自然不拘的美感，也可以結合原木元素，彰顯自然樸實感。

／ **色彩運用**

How to do?	
添加暖色調凸顯獨特質感	☐
鮮豔單品創造活潑氛圍	☐
冷色調加乘構築自在率性	☐
白色系塑造簡約而不做作的 Loft 風格	☐

LOFT 風
配色攻略

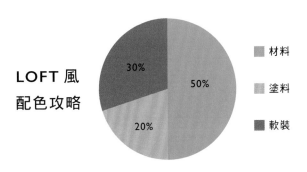

材料 50%
塗料 20%
軟裝 30%

Point1. 添加暖色調凸顯獨特質感

Loft 空間並非僅限於舊工業風格的冷冽印象。巧妙運用以暖色為基調的家具和裝飾品，不僅賦予整體空間型格，同時能使顏色相互呼應。通常 Loft 空間中使用紅磚、木條等素材，這些本身屬於大地色系，因此在搭配時可**選擇深咖啡色的木製櫃體、紅色的單人椅等暖色系元素**。這樣的搭配不僅呈現整體協調感，同時透過材質肌理的相互映襯，更能突顯風格的獨特質感。這樣的設計手法豐富了 Loft 空間的風貌，使其更具個性與居家溫馨感。

Point2. 鮮豔單品創造活潑氛圍

Loft 的空間具有極大的靈活性，也體現在配色上，充滿了豐富的自由度。許多 Loft 空間以單一純色作為主背景，如灰色、黑色、白色等，用以柔化原本粗獷的剛性調性。若想在空間中注入一些柔和元素，可以透過**牆面呈現大面積的色塊**。若對整體比例擔憂，也可從小件家具和裝飾品著手，例如單椅、抱枕、相框等。這些色彩較為**鮮豔的小品**，不僅平衡了整體空間以黑、白、灰、紅磚等為主的色調，同時也為整個空間帶來一抹生動活潑的氛圍。

Point3. 冷色調加乘構築自在率性

Loft 風格的建築多源自倉庫或工廠的改建，通常保留樑柱和管線結構的外露，以突顯其粗獷狂放、不加修飾的效果。為強調這種特質，常選擇**冷色系作為主要配色**，如黑色、藍色、灰色等。這些冷色調帶有一絲冷冽感，與建築風格相融合，不僅不顯突兀，還能呈現出一種率性且不需掩飾的感性體驗。

圖片提供／奧立佛Ｘ株株聯合設計

Point4. 白色系塑造簡約而不做作的 Loft 風格

Loft 風格在用色方面實際上並無固定的規定，即便是白色也能營造出所謂的粗獷感。然而，Loft 空間最明顯的特點是其高大而寬敞的設計。以白色作為整體的基調，讓天、地、壁連成一線，連水電管線都被漆成白色。這樣的設計不僅延續了空間的開闊感，更賦予了整體空間清新的氛圍。其中散發著一種不矯揉造作的感覺，使得 Loft 空間更顯原真。若欲使純白空間帶點野性狂放味道，可以**融合一些刷白或仿舊處理**，呈現斑駁感，進一步突顯出粗獷的效果。

圖片提供／奧立佛X森森聯合設計

╱ 家具軟裝

Point1. 運用材質與藝術品創造戲劇效果

當 Loft 這種居住生活方式首次在美國紐約興起時，藝術家和設計師利用廢棄的工業廠房，創造了各種獨特的生活方式，包括藝術創作和舉辦展覽等。因此，在打造 Loft 風格的空間時，不僅需要懸掛一些藝術作品，**突顯個性、前衛和藝術的氛圍**，還應善用一些具有衝突性的材質進行搭配，如紅磚牆搭配皮革單椅，或是絨布主人椅等。這樣不同質材的碰撞彷彿激發出火花，為原本冷冽的空間增添了戲劇性效果。

Point2. 大尺寸的家具及燈飾

Loft 風格的空間通常是無隔間且開放挑高，視覺效果無限延伸。因此，選擇大尺寸的家具是必要的，以保持整體比例協調。例如，具有**加長和加寬深度的** L 型沙發、大尺寸且有寬大扶手的主人椅，以及比人還要高的超大立燈，都能成為最引人注目的焦點。

Point3. 結合古典傳統元素與現代設計師家具

Loft 風格常見於具有古典傳統硬體空間的場所，透過**與前衛現代家具的搭配**，或結合古**董家具和設計師燈飾**，保留原建築的挑高和具有歷史意義的牆面。這樣的設計手法利用現代家具強化使用機能，同時塑造出居家的高品味，使整個住宅彷彿成為一件藝術品。

Point4. 二手家具、老物與雜貨傳遞人文氛圍

Loft 風格的空間中，運用二手古董或復古家具，**搭配前衛大膽的藝術畫作**。這不僅展現出衝突美感，同時形成有趣的色彩對比與協調，充滿趣味，並營造出濃厚的人文藝術氛圍。抑或是搭配收集的老物件及雜貨做擺設，讓家更有自我的味道。

Point5. 金屬開關展現經典元素

既然是 Loft 氛圍，就更應該換上金屬開關，金屬的冰冷、堅硬及反射性是素材迷人之處，**除用鐵件奠定空間結構與印象**，也可以增加細節美感，除此之外，其斑駁、生鏽的滄桑感也可以展現經典的迷人元素。

Point6. 展現藝術家獨特的個性

Loft 風格源自藝術家的創作空間，將藝術品巧妙擺飾成為空間的重要元素。除了結合開放工作室的特點外，也可以**運用大型繪畫或雕塑作品**，使居家仿如藝術家的個人展覽。這種住宅既是私人居所，又是創作工作室，彷彿讓人身歷其境，感受置身於紐約開放而寬敞的 Loft 空間。

Point7. 表現如藝廊的效果

個人蒐藏品同樣能展現 Loft 風格居家的獨特個性。這些**擺飾和收藏品**並非整齊地擺放在陳列架或展示櫃上，而是**隨興與工作室結合**，營造出一種藝廊般的空間感。

Point8 古行李箱、鐵路零件化身特色茶几

Loft 居家常見特色家具，例如**附有輪子、提把的銀色金屬箱**。橫擺就可當茶几，裡面依舊可收納小物，復古造型，讓它顯得相當獨特。或是利用早期鐵路車取下部分零件後，結合木作製成實用的咖啡桌，深具特色的同時，仍保持古色古香的特殊味道。

CHAPTER

4/

工業風

工業風大致可追溯至 1930 年到 1960 年左右，當時家具和產品設計進入了標準化和量產的時代。由於當時工廠製造技術尚未成熟，產品在追求節省原料的同時，也要考慮其耐用性和實用性。因此，工業風的產品在保有一定的美感和設計感的同時，顯得堅固耐用。近年來，人們對於日常物件開始追求一種不過度精緻的風格，因此工業風的潮流再度興起。這種風格已經從商業空間擴散至住宅設計。工業風吸引人的地方在於其多樣性和獨特性。它可以與溫暖的木材相結合，為家居增添溫馨感；也可以融合法式家具和傢飾，使工業風帶有一絲優雅的氛圍；此外，搭配色彩豐富的傢飾，更能使工業風變得生動活潑。只要選用適合的家具和傢飾，掌握好比例和氛圍，工業風就能容納各種風格。

／ **設計細節**

How to do?	
EMT 金屬管讓裸露管線整齊俐落	☐
天花板裸露最原始水泥結構	☐
鐵皮屋鋼板、鐵網片營造粗獷視感	☐
原始粗糙肌理材料表現不刻意修飾	☐
仿舊木地板增添溫暖與復古調性	☐
水泥粉光、磐多魔帶出手工紋理質感	☐
抿石子地板粗獷又舒服	☐
復古金屬磚、人字鐵板為工業風奠基	☐
生鐵、鐵板廢料打造風格主題牆	☐
舊木拼貼創造粗獷現代感	☐
磚牆的狂放率性	☐
水泥打鑿面斑駁頹廢風	☐

天　花　板

圖片提供／優尼客空間設計

Point1.EMT 金屬管讓裸露管線整齊俐落

軌道燈和管線的外露設計在工業風格中十分常見。雖然看似簡單，但卻對最終的燈飾和下方家具的位置產生了深遠的影響。在簡約的住宅中，平衡和協調感是美感的關鍵所在，因此在設計初期，**精確計算和定位是至關重要的步驟**。對於原有的管線，將其整齊地束縛起來，使用銀色金屬的 EMT 管覆蓋，這種冷調的色調恰好能夠與工業風格的堅固基調相呼應。

Point2. 天花板裸露最原始水泥結構

起源於舊倉庫和工廠的演變，工業風格強調不過度裝飾，凸顯裸露的原始結構。因此，天花板和管線都呈現未包覆的獨特風格，既保持了空間的寬敞感，又強調了工業風格中不過度修飾的理念。然而，若使用裸露的原始水泥模板，可能容易產生粉塵，**建議先塗上一層保護漆**，以防止粉塵掉落，同時具有保護作用。

Point3. 鐵皮屋鋼板、鐵網片營造粗獷視感

有別於一般木作天花板的遮掩修飾，為了呈現空間原始況味，工業風居家的天花板經常使用**鋼板、鐵網片、回收鐵板**等這類素材，帶出工業風的陽剛與直率感。例如運用鐵件訂製燈槽，或是局部鋪飾鋼板、懸掛鐵網，可搭配 LED 燈光凸顯材質細節。

Point4. 原始粗糙肌理材料表現不刻意修飾

工業風的天花板設計比較強調材料的原始粗糙肌理，常見如**樂土、木纖板或是原色甘蔗板**，像是利用後二者可以修飾包覆大樑，但要注意甘蔗板受限於板材的規格，在交接縫隙的處理必須更細緻貼合，而如果想要良好的隔音，建議可選用木纖板。

地　板

Point1. 仿舊木地板增添溫暖與復古調性

工業風的居家空間，相較於其他風格較為冰冷，因此在地坪上可採用仿舊超耐磨木地板來平衡調性，尤其現在超耐磨地板的仿舊效果都非常逼真，包括有如**回收棧板木料的仿舊效果**，或是**煙燻舊木料、染黑木紋質感**，都可以呼應工業風的復古調性，另外也可以搭配木板拼法，如人字拼或是嵌入水泥粉光地板做特殊排列，創造獨特性。

Point2. 水泥粉光、磐多魔帶出手工紋理質感

不失質地本色是工業風格中重要的精神之一，在地坪處理上，常見如水泥粉光、磐多魔、優的鋼石來作呈現，材質本身最終所帶出的紋理都有所不同能把工業風中粗獷、不失本質味道表現得淋漓盡致。其中水泥粉光表面色澤深淺變化與鏝刀痕跡，深具**質樸手感的粗獷之美**，磐多魔則擁有簡潔與平滑的外貌，無縫的呈現方式可讓空間有放大效果。

Point3. 抿石子地板粗獷又舒服

抿石子是一種泥作手法，將石頭與水泥砂漿混合攪拌後，抹於粗胚牆面或地坪打壓均勻，其厚度約 0.5 ～１公分，依照不同石頭種類與大小色澤變化，展現工業風的粗獷感。用**抿石子鋪設的地板**，踩起來有舒服的小顆粒，既**可避免滑倒**，又有助健康，把工業風詮釋得更細膩。

Point4. 復古金屬磚、人字鐵板為工業風奠基

如果想要更強烈粗獷一點的工業風格，且對於風格的包容性強大，也可以考慮用**仿鏽金屬地磚**或是工廠才會出現的**人字鐵板**當作地坪材料，尤其這類材質**具有防水特性**，很適合運用在浴室或是廚房、陽台地坪。

牆　面

Point1. 生鐵、鐵板廢料打造風格主題牆

工業風多以耐用的鐵、銅等金屬材質，作為空間主題質感和造型較為粗獷，衍生至現代也常見以**鐵件打造牆面或是隔間**，例如將**鐵網圍籬做成玄關隔屏**，或是將鐵板廢料和堆疊特殊主題牆、生鐵鋪貼成為廊道立面成吸鐵留言板，以上皆具有金屬建材共通的優點且價格相對較低。

Point2. 舊木拼貼創造粗獷現代感

二手木多半是舊門板、房屋樑柱回收拆卸下來的木材，木種有台灣紅檜、肖楠、福杉、台灣杉，都是僅被油漆或是木膠黏過，不含有機混合物和防腐劑。價格比全新木材便宜個三到五成，呈現出來的效果比起仿舊處理更有味道，也切合永續利用的環保觀念。然而，二手回收舊木材表面通常會有髒汙、粗糙、有釘孔，挑選二手木材時必須多看多注意；而表面髒汙及粗糙可以用砂紙機、電刨來處理。

Point3. 磚牆的狂放率性

為展現工業風的基調，常見牆面留下打除表面的痕跡，從磚、粗胚到細胚，可以看到整個工程基礎施作的意念，可維持紅磚的原色之外，亦可以**透過水泥和白色油漆作不規則的塗抹**，呈現斑駁懷舊的意象。但如果不想要過於強烈，也可以直接以陶磚砌牆或是貼覆帶有仿磚質感的文化石處理。

Point4. 水泥打鑿面斑駁頹廢風

想要傳達工業風的冷調又帶上頹廢感，讓人產生強烈的視覺印象，不妨可以將設水泥牆面**打鑿斑駁效果**，留白的牆面再掛上相框布置，**搭配吊掛復古燈**，宛如一面時光牆，既能傳達工業風的精神，同時又有溫馨感。

/ 色彩運用

How to do?	
單一純色背牆為空間增添豐富性	☐
溫暖軟裝飾品緩和冷冽、營造層次感	☐
中性色黑灰藍給予沉穩氛圍	☐
金屬色澤為工業風定調	☐

工業風
配色攻略

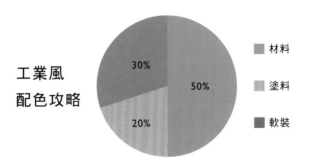

- ■ 材料
- ■ 塗料
- ■ 軟裝

Point1. 單一純色背牆為空間增添豐富性

雖然說工業風多半是灰黑無彩度的空間，但如果擔心色調太過沉悶，不妨選擇單一主牆面，例如**沙發背牆或是餐廳側牆**，利用單一純色的背景作為跳色，繽紛用色成為凝聚空間的視覺焦點。

Point2. 溫暖軟裝飾品緩和冷冽、營造層次感

橘紅、咖啡色、沙漠黃等溫暖的色彩也常用於工業風格，可以在軟裝飾品、植物等方面運用，打破空間的單調感，營造出更具層次感的氛圍。

Point3 中性色黑灰藍給予沉穩氛圍

工業風的空間框架多採用裸露結構，或是以混凝土為主，這些未經修飾的材料原色多半是灰色，因此工業風常以中性色調為延伸發展，利用不同層次的灰搭配深藍和深棕色等，營造出營造出沉穩、穩重的氛圍，並與金屬質感相襯。

Point4. 金屬色澤為工業風定調

將鐵件金屬運用於桌椅沙發等日常家具，能迅速吸引視線成為空間的視覺焦點。不同金屬材質的反光色澤會呈現出各種效果。除了經典的粗獷黑鐵，還可以選擇原始的白鐵色澤、具有未來感的鍍鈦質感，或是散發溫暖氛圍的黃銅，這樣的選擇使得空間更具多元性，滿足不同風格的需求。

圖片提供／優尼客空間設計

PART

3

/ **家具軟裝**

How to do?	
復古皮革、老件沙發增添人文感	☐
回收木料、古董箱打造桌几更隨興	☐
鐵製櫃子取代木作	☐
金屬燈具反映工業風空間結構	☐
金屬椅凳堆疊書籍與植物增添生活感	☐

Point1. 復古皮革、老件沙發增添人文感

工業風的沙發家具常見材質主要為皮革、布料為主，工業風給人一種很乾脆的印象，會建議在沙發的搭配上，以線條簡潔俐落的布沙發作佈置，或是**復古型款的皮革**，特別是帶有**懷舊**味道的老件，隨興不羈的特質，加上歲月痕跡帶來的溫潤質感可以柔軟工業風的粗獷。

Point2. 回收木料、古董箱打造桌几更隨興

工業風經常利用活動家具讓佈置更有彈性，**桌几材質多以鑄鐵、回收木料、或是具環保概念的材料做設計**，一方面也會考慮實用性，讓家具不只好看也好用，比方像是可以升降的桌子，或是鑄鐵邊桌嵌大理石板，桌面更為耐久。另外，有些**具年代的古董箱**，也很適合運用在工業風的居家空間，不管材質是木、鋁或者鐵，因有一定年代，所以很能呈現工業風的隨興與粗獷。

Point3. 鐵製櫃子取代木作

材質多數為鐵件打造而成，或是鐵件與木料的結合，近來更流行以**鐵製水管組裝為書架或是衣架**。挑選如果希望空間多點溫馨，不要太過冷冽的工業風，可選擇木料比例重一點的櫃子，純鐵件或是水管書櫃的結構性相對較強，能快速地呈現工業風氛圍。

Point4. 金屬燈具反映工業風空間結構

工業風格並不過多採用間接照明，而是以**自然光線和多樣的燈光配置**來營造日夜的氛圍。壁燈、吊燈、落地燈等多元的照明元件，結合強烈的金屬質感和結構感豐富的設計，突顯出工業風格的特質。例如，在原始粗獷的牆面上，可以選擇金屬機械燈具，其纖細的燈臂與空間結構相得益彰。這樣的燈具設計不僅突顯工業精神，同時可調角度的特色也為空間注入了一抹溫暖，使整體工業風格更具層次與舒適感。

Point5. 金屬椅凳堆疊書籍與植物增添生活感

工業風椅凳不脫離鐵件、金屬、木料這類材質，在搭配上可以用更隨興、自在的態度去做佈置，舉例來說，**椅凳不只是拿來坐**，也可以**堆疊書籍、或是植栽擺放**於空間角落，在移動過程中，讓佈置與機能變得更有彈性。

圖片提供／彗星設計

CHAPTER

5

復古風

攝影／Yvonne

復古潮宅風潮席捲而至，掀起嶄新的居家潮流。這股潮流以對經典風格的敬意為基調，將現代居家與復古元素完美交融。北歐風的 50 年代、普普風的 60 年代、台式風格的 70 年代，這些美好的回憶被再度喚起，與被重新珍視的老家具結合，展現出永恆的時尚魅力。老物件散發著歲月的沉澱，彷彿有著難以言喻的魅力，讓復古風格成為家居的永恆潮流。

／ 設計細節

How to do?	
人字拼地板重現美好舊時光	☐
紅磚展現舊時意象	☐
格子玻璃注入舊時韻味	☐
溫暖木質中和鐵件的冷調	☐
台式普普風格壁紙營造濃厚復古氛圍	☐
木門刷色搭配毛玻璃重現老式台味	☐
水泥粉光局部不打磨不上漆	☐
保留隔間開窗的原始設計	☐

材　質

攝影／Yvonne

Point1. 人字拼地板重現美好舊時光

人字拼地板工法雖然不是主流，卻能為空間注入獨特的風格。其**獨特的拼紋**不僅**豐富了空間的視覺效果**，更增添了細膩感，在復古潮宅風潮中，人字拼地板展現出濃厚的復古味道，為居室帶來了獨特的格調和氛圍，讓人彷彿穿越回過去的美好年代。

Point2. 紅磚仿舊地板展現舊時意象

台灣早期建築常以紅磚為主要材料，無論蓋房或鋪地都少不了它的身影。復古潮宅中，地面經常以**深紅陶磚**鋪設，彷彿帶人穿越時光。部分則使用**古舊木地板**，不僅劃分空間，更藉由木材的自然斑駁展現懷舊情懷。這些經典材料與風格的融合，營造出懷舊美感，讓人彷彿置身於往日時光中，感受那份濃郁的復古情懷。

Point3. 格子玻璃注入舊時韻味

格子玻璃相較於平面玻璃更**凸顯精緻與光影美**，賦予空間濃厚的舊時工藝情懷。搭配細緻鐵框，不僅能降低老氣厚重感，更彰顯古典雅致風格。格子玻璃與鐵框的組合，彷彿將時光倒流，讓人仿佛置身於歷史的襯底之中，感受昔日匠心獨運的精緻工藝，為復古潮宅注入獨特韻味。

Point4. 溫暖木質中和鐵件的冷調

老木地板和水泥感牆強調出自然粗獷的調性，而**溫暖的中、深咖啡色**，既大量**平衡鐵件材質產生的冷調**，讓空間多份沉靜，自然木頭呈現的歷史紋理，也讓空間更具故事性。

牆 & 門

攝影／江建勳

Point1. 台式普普風格壁紙營造濃厚復古氛圍

選用**幾何圖案**的壁紙裝飾牆面，搭配台式懷舊感的淺橘色，**搭配昏黃的燈光**與黑白照片相輔相成，營造出濃厚的復古氛圍。這樣的設計不僅展現了獨特的美感，更將居家環境打造成一個充滿歷史故事的空間。

Point2. 木門刷色搭配毛玻璃重現老式台味

玻璃木門重新刷上**經典的綠色**，搭配**傳統毛玻璃**，瞬間打造濃郁復古懷舊感。若再結合當時常見的水泥牆或磁磚牆，老式台味更加濃厚，空間充滿歷史情懷，讓人沉浸在過去的美好氛圍中。

Point3. 水泥粉光局部不打磨不上漆

不論是台式復古或是工業復古住宅常見水泥牆面的運用，可提供空間簡樸的印象，設計上**可留下與舊牆相鄰介面的批土痕跡**或是**保留批土之後不打磨、不上漆的狀態**增加粗獷感，也讓牆面扮演著新舊之間的中介角色，營造凝鎖時光的停格感，增加人文溫度。

Point4. 保留隔間開窗的原始設計

為了在房間也能迎進採光，早期的隔間都有開一扇窗的習慣，想留住舊時光的美好不妨**保留原始的隔間設計**，窗框以傳統的十字分隔，展現對稱的比例之美，搭配霧玻璃的使用則讓人仍保有隱私。

/ 色彩運用

How to do?	
經典朱紅，重現老上海情懷	☐
胡克綠牆面，賦予家居獨特色彩	☐
善用鮮豔色打造活潑復古普普風	☐
紅磚色牆面，瞬間復古懷舊氛圍	☐
中性草綠，可襯托老物品質感	☐
暖紅色營造溫馨舊時光	☐
橘黃牆面注入復古暖調	☐
舊時大膽用色，創造繽紛亮眼空間	☐

復古風
配色攻略

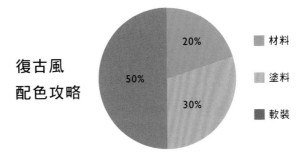

50%　20%　30%

■ 材料
▨ 塗料
■ 軟裝

Point1. 經典朱紅，重現老上海情懷

若嚮往老上海華麗的租界風格，建議可使用鮮明色調，包含**藍綠色、朱紅色和酒紅色**等來加強空間的艷麗氛圍，另外可以再**搭配深咖啡色系的桌櫃**，凸顯出華洋混合的異國情調，同時為空間注入濃厚的歷史韻味，使整體風格更加迷人。

Point2. 胡克綠牆面，賦予家居獨特色彩

為賦予復古風家居豐富色彩，可從小裝飾品到實用的生活用品，甚至燈具等，按風格進行蒐藏。例如從客廳一角到閱讀書桌，逐步**將老件融入生活中**。同時，**改變牆面顏色**，運用像是**胡克綠、湖水藍、低階灰色**，皆可打造復古風格！

Point3. 善用鮮豔色打造活潑復古普普風

只需運用**橘色、黃色、紅色**，即可**捕捉普普風格**的精髓。鮮豔而大膽的色彩和線條，不僅賦予空間生動的活力，同時輕鬆打造充滿復古情調的氛圍。

Point4. 紅磚色牆面，瞬間復古懷舊氛圍

欲迅速帶入懷舊時光，選擇**紅磚色**是最有效的方式，打造**古舊磚房**的空間底蘊。搭配黑白結婚照及普普風格照片，營造出有趣且懷舊的視覺效果。

Point5. 中性草綠，可襯托老物品質感

如春天生機盎然的**草綠色**，中性且不過於突兀，為空間帶來**自然原始的氛圍**。完美搭配復古書桌和老檯燈，並突顯出書桌和檯燈表面的斑駁，展現老物品獨特的使用手感。

Point6. 暖紅色營造溫馨舊時光

橘黃和紅磚色系的溫暖調性，為空間**灌注溫馨情感**，展現出台灣舊時紅磚建築的獨特印象。不僅可應用於牆面，還常見於窗簾、地毯上，巧妙與其他色調搭配，創造出驚豔的視覺效果。

攝影／Sam

攝影／Yvonne

Point7. 橘黃牆面注入復古暖調

搭配**深綠色北歐復古家具**，橘黃牆面與原木地板的巧妙運用，可共同**營造出溫馨家庭氛圍**。大面積的橘黃色調勾勒出濃郁的復古感，讓人彷彿穿越至過去時光的美好回憶。

Point8. 舊時大膽用色，創造繽紛亮眼空間

在木色基調的空間中，運用帶有濃厚民族風情的織品和抱枕，成為最引人注目的裝飾元素。**繽紛多彩的色彩**展現了舊時代大膽用色的獨特特色。

／ **家具軟裝**

How to do?	
複合素材搭配提升居家品味	☐
幾何普普圖騰織品打造懷舊角落	☐
復古歐風必備 Tiffany Lamp	☐
舊時回憶物品增添懷舊佈置	☐

Point1. 複合素材搭配提升居家品味

結合木與鐵的家具，是打造復古風格的絕佳選擇，避免空間過於老氣。**深色調的木與金屬搭配**，彰顯獨特品味，但要謹慎選擇淺色調，避免走味。

Point2. 幾何普普圖騰織品打造懷舊角落

復古風格少不了原木家具，特別是**未經染色處理的木質老家具**，展現原始木色和紋理，帶來溫暖感。**搭配色彩豐富的普普風燈飾及織品抱枕**，營造出懷舊而繽紛的角落，令人沉浸在美好回憶中。

Point3. 復古歐風必備 Tiffany Lamp

Tiffany Lamp 是歐洲風格中不可或缺的元素，**燈罩上繽紛的玻璃色澤**在照亮時展現出美麗燈暈，為空間注入豐富表情，使復古風格更為完整。

Point4. 舊時回憶物品增添懷舊佈置

挖掘阿嬤及爸媽年代的物品，如 **60 年代的綠色轉盤式電話、復古桌燈**或是一個老電鈴的點綴等，都是最佳的懷舊佈置單品。這些物品不僅是裝飾，更是時光的見證，使空間充滿豐富的回憶。

攝影／ Yvonne

攝影／ Amily

CHAPTER

6 /

現代風

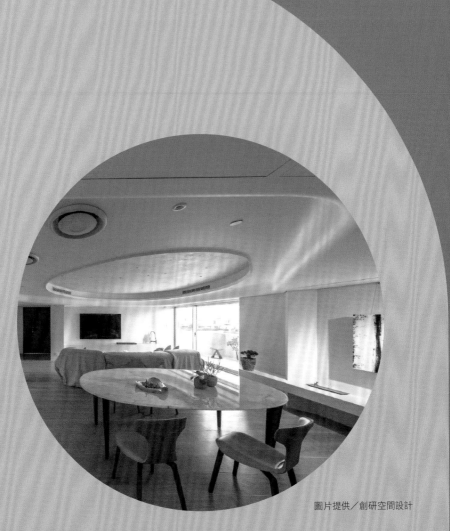

圖片提供／創研空間設計

現代風格近年來成為主流，強調簡約和「少即是多」的理念。為達到簡約而不空洞的效果，關鍵在於掌握好每個空間的比例和細節。現代風格的佈置能夠平復現代人在高工時、高壓力下的情緒，尤其注重簡化裝飾、色彩組合、線條和紋路。居家佈置首要考慮良好的收納儲藏空間，以節省整理時間，維持整潔。「少即是多」不僅是設計原則，也需要層次感、留白、裝飾等元素的運用，色調主要以中性色為主，並點綴鮮艷色彩。善用局部家具或飾品，以暖色調和軟性材質增添溫暖感。建材方面偏好天然材質，並可混搭仿自然材質，展現現代簡約的精神。

設計細節

How to do?	
簡約俐落的線條設計	☐
弧形、曲線造型修飾大樑	☐
高低變化凸顯空間層次感	☐
結合隱藏照明營造柔和氛圍	☐
無接縫地坪，突顯壁材肌理	☐
地坪材質轉換區隔空間	☐
多樣化地坪樣式	☐
大理石、磁磚造穩重氛圍	☐
線條分割凸顯材質肌理特色	☐
融入隱藏門片的完整立面	☐
兼具隔間的機能性櫃牆	☐
異材質拼貼展現豐富紋理	☐

天 花 板

Point1. 簡約俐落的線條設計

現代風格的天花設計注重簡約與去繁就簡的理念，避免過分裝飾，讓天花板呈現出清新簡潔的感覺。通常使用**簡單而流暢的線條**，減少複雜的花紋或浮雕，突顯整體平衡感。

Point2. 弧形、曲線造型修飾大樑

在現代風格的居家設計中，當面對大樑時，通常會巧妙運用天花板的弧形變化，搭配帶狀的切割線條，使**樑的存在成為空間造型的一部分**。這不僅有助於中和現代風格強調的縱橫線條及過於剛性材質的特點，同時也透過弧形、曲線的設計手法，延展了空間的視覺想像。除此之外，**弧形線條和脫溝的設計更能豐富視覺層次**，為居家帶來更多變化。

Point3. 高低變化凸顯空間層次感

天花板高度的設計為現代風格居家帶來極大的自由度，其變化可以**高低交替呈現**，巧妙地突顯空間的層次感，進而增添視覺上的開闊感。這樣的天花板設計，不僅讓室內光線更加自由穿透，同時也打破了單一平面的侷限，創造出**動態而富有變化**的視覺效果。透過高度的變化，居家空間得以呈現更加多元且富有層次的格局，使人在其中感受到空間的自由與開放。

Point4. 結合隱藏照明營造柔和氛圍

在現代風格的居家設計中，常常運用隱藏式照明，如**嵌入式 LED 燈條或點光源**，以營造柔和且現代感十足的照明效果。這種設計不僅可以營造出舒適的氛圍，還能有效地提升空間的整體質感和品味。

地　板

圖片提供／創研空間設計

Point1. 無接縫地坪，突顯壁材肌理

為了達到現代風格的簡約感，地坪設計需注意避免過多線條和制式感。建議**大尺度或無接縫的設計**，如寬板木地板、無接縫人字拼貼地板、磐多魔等，常應用在公共空間，與石材肌理或豐富顏色的牆面形成對比，打造視覺重點。特別是無接縫地板，視覺上更顯簡約，適合前衛、俐落的空間，例如以**灰色為主的無接縫地板，可突顯現代質感**；白色無接縫地板則進一步提升整體一致性，搭配灰階家具展現現代藝術氛圍。

Point2. 地坪材質轉換區隔空間

現代風格的室內空間注重開放感和機能整合，通過巧妙的材質轉換和高低落差，有效實現空間區隔。例如，在餐廳和廚房中，天花板延伸一致，但透過不同的地坪材質來區分兩者。同時，小型空間不宜配置過多隔間牆，因此可以利用**地坪材質的變化**，巧妙地劃分公共區域和私密空間，又能在**視覺上保持空間的通透感**，使室內更加開敞且功能分明。

Point3. 多樣化地坪樣式

現代風格地坪設計大膽運用新興素材如**磐多魔、優的鋼石**，勇於挑戰限制，展現素材獨特肌理，塑造多樣現代居家風格。這種革新思維突破傳統，創造出充滿創意與現代感的地坪，為居室注入時尚與獨特性。

Point4. 大理石、磁磚造穩重氛圍

現代風格空間中常見大器的石紋，若欲融入簡約時尚感，可選用白色調的**銀狐大理石紋**地板，凸顯亮眼的效果，並搭配簡約線條，與木材、絨布或金屬、鐵件等材質相得益彰。另外，其溫潤高雅的質感以及自然紋理，搭配石材的穩重材質，特別適合大宅設計。可選用**雪白銀狐、銀狐大理石、安格拉珍珠、金香鬱和蛇紋石**等多種質感優雅的大理石材，豐富室內空間感。

牆　面

圖片提供／創研空間設計

Point1. 線條分割凸顯材質肌理特色

現代風格壁面經常運用線條分割，以突顯材質肌理的獨特特色。透過差異化的線條配置，不僅創造出空間的層次感，更凸顯出牆面所選用的材質質感，例如將洞石分割重新排列，線條的運用使牆面呈現出現代感，同時強調材質本身的豐富細節，也顯現出現代風格的品味和獨特魅力。

Point2. 融入隱藏門片的完整立面

現代風格常見利用完整且具層次的立面設計，將門片一併給予隱藏，視覺上呈現出一致且整體的設計，滿足隱私與流暢感之外，也彰顯出對空間實用性和美學的追求，展現出現代風格的簡約優雅。

Point3. 兼具隔間的機能性櫃牆

現代風格壁面設計中，擁有機能性的櫃牆兼具隔間作用。這種設計不僅能有效區隔空間，同時營造整體的統一感。**櫃牆的設計巧妙結合儲物功能**，既實現收納需求，又不失美感。通過差異化的材質、線條或顏色配置，櫃牆成為空間的焦點，同時提升設計品味。

Point4. 異材質拼貼展現豐富紋理

現代風格壁面設計中，以異材質拼貼展現豐富紋理成為一熱門趨勢。這種獨特的手法透過巧妙組合不同的材質，如**金屬、玻璃、石材**等，創造出令人驚艷的視覺效果。不僅呈現出立體感和層次感，還突顯每種材質獨特的質感。

／ 色彩運用

How to do?	
同一色系搭配創造協調	☐
清新優雅色調帶來治癒感	☐
局部鮮豔色彩的對比	☐
冷暖色調的材質對比	☐
無彩度搭配木材質的現代溫暖感	☐
灰色＋棕色營造簡約時尚氛圍	☐
局部紫色點綴，調和純白空間	☐

現代風
配色攻略

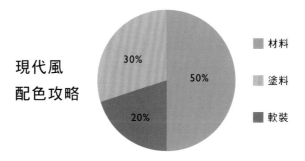

50%
30%
20%

■ 材料
▨ 塗料
■ 軟裝

Point1. 同一色系搭配創造協調

色彩在空間裡扮演很重要的角色，色彩會影響人的荷爾蒙，給人不同的感受，例如：藍色給人理性的感覺，橘色散發著親切、朝氣，大地色系有包容性。因此，在簡化現代風格居家空間的色彩，就是**盡量保持同一色系搭配**，若想要增加活潑感，可以利用小物件來做跳色處理。

Point2. 清新優雅色調帶來治癒感

在注重自然感的現代風格中，選擇清新優雅的藍與綠色系是明智之舉。這些色調引人聯想到蔚藍天空、湛藍大海、翠綠森林等愜意景象。在牆面塗刷上，應依據整體坪數大小比例配置，以1：1的白牆與色牆搭配，簡化背景環境，避免過於複雜。同時，應謹慎挑選**最多三種色彩組合**，避免貪心選擇，維持整體調和與和諧。

Point3. 冷暖色調的材質對比

現代簡約風格最擅長**運用材質和色彩的對比手法**，結合簡單的線條設計，呈現出層次豐富的品味和深度。例如，以冷調的白色牆面搭配木色的大型櫃體，或者木紋格柵櫃體投射出光影變化，與粗曠的黑晶石皮牆面形成對比，賦予空間豐富的線條與冷暖調和的感覺。另外，白色壁面與反射金屬櫥櫃面板相結合，創造冷暖對比的互動，展現出摩登風格的獨特效果。

Point4. 灰色＋棕色營造簡約時尚氛圍

現代風格巧妙運用**灰色與棕色**，營造出極具**現代感且溫馨**的空間。深灰色或淺灰色的主調配合溫潤的棕色，形成冷暖對比。灰色營造出簡約、時尚的氛圍，而棕色注入自然的溫暖感，相得益彰。此搭配在家具、地板或裝飾上都得以展現，創造出舒適宜人、富有層次感的現代居家空間。這樣的組合不僅追求視覺上的和諧，更帶來觸感上的舒適，完美詮釋了現代風格的精髓。

家具軟裝

How to do?	
利用邊桌、邊櫃佈置立體裝飾物件	☐
不同顏色抱枕為沙發增加豐富感	☐
善用牆面懸掛藝術作品	☐
大地色調皮件點綴，展現時尚摩登	☐
俐落弧形線條，柔化且豐富空間線條	☐
彩色家具點綴白色系空間	☐
大地色調與灰階軟裝，營造穩定與安定感	☐

Point1. 利用邊桌、邊櫃佈置立體裝飾物件

通常邊桌或邊櫃就是很好的佈置地方，可以利用這些小空間放置風格簡單的桌燈、雕塑擺飾品、攝影照片、裝飾性繪畫等**小量體的裝飾品。**

Point2. 不同顏色抱枕為沙發增加豐富感

現代風格家具基本上在比例與線條都非常簡單，若是整體空間的色調趨於沉穩平靜的低彩度色調，沙發的選擇上可以較為鮮明；或者稍微**增加幾個跳色的抱枕，**來增加色彩的豐富性，就可以呈現非常好的視覺效果。

Point3. 善用牆面懸掛藝術作品

牆面的裝飾可以依據空間條件選擇一些畫作、攝影、裝飾畫、陶版畫、餐瓷或者各類材質壁貼做變化。為了保有現代風的簡單原則，在挑選時**盡量省略繁複的色彩或線條肌理**作品。畫廊路線的藝術創作，因為個人風格鮮明，在現代風裡未必能和空間其他元素搭配，但若是畫廊行銷藝術家個人路線的創作，本身就跳脫了這個侷限，可被視為具升值潛力蒐藏品。

Point4. 大地色調皮件點綴，展現時尚摩登

為了賦予現代風格更時尚的感覺，**皮件成為絕佳的搭配元素**，如皮件掛鏡、座椅或桌櫃等。以冷調線條和大地色系的皮革相結合，再透過精湛的手工車線呈現，創造出溫暖而充滿設計張力的效果。

Point5. 俐落弧形線條，柔化且豐富空間線條

為對應現代風格空間的簡約線條和方正量體設計，建議在家具和裝飾的選擇上採用**圓弧形狀**，例如擁有圓弧椅背的餐椅、圓形餐桌或茶几等。這樣的造型能夠**柔化空間**，為其帶來更多元化和**豐富**的表情。樣的現代風格家具軟裝設計不僅追求簡約風格，同時透過圓弧形狀注入了更多的變化，使空間呈現多樣性的面貌。

Point6. 彩色家具點綴白色系空間

在現代風格的家具軟裝中，選擇彩色家具來點綴白色系空間，能為整體注入活力與個性。**色彩繽紛的椅子、沙發或小型傢飾**，不僅打破了單調的白色調，也為空間**帶來愉悅的視覺效果**。這樣的搭配巧妙平衡了簡約風格，同時突顯了現代感，讓空間更加生動有趣，反映居家生活的多彩面貌。

Point7. 大地色調與灰階軟裝，營造穩定與安定感

現代風格的軟裝色彩，不僅僅侷限在黑與白，更可選擇**中性的灰色階和大地色系**。以一冷一暖的色調搭配，調和出空間的寧靜效果，尤其在私密的寢室空間中，更能帶來安定的力量。配合繃布、地毯、沙發、窗簾和家具等元素，形成中和效果，賦予空間更豐富的層次感。

圖片提供／創研空間設計

CHAPTER

7 /

鄉村風

圖片提供／摩登雅舍室內設計

鄉村風格深受全球喜愛，並因地制宜地演變成各具地域特色的風格，為空間增添
多樣性。各種鄉村風格在建材、顏色、家具傢飾的選擇上都以自然、當地環境和
人文風情為靈感，相較現代風格，鄉村風格更注重溫馨與溫潤，深受大眾喜愛。
要打造正統的鄉村風空間，天花板的設計至關重要。為呈現歐美鄉村生活的田園
情懷，常使用木橫樑、木質板材、磚塊，甚至搭配斜屋頂結構，帶給人仿若置身
鄉間小木屋的感覺。

／ **設計細節**

How to do?	
線板堆疊展現各種鄉村風格	☐
斜屋頂設計強化鄉村風視覺	☐
簡約鄉村風首選，平鋪木板天花	☐
木橫樑天花注入濃厚鄉村氛圍	☐
木地板營造自然溫潤氛圍	☐
復古磚、陶磚營造樸實自然的鄉村感	☐
馬賽克拼貼創造立體視感	☐
磁磚拼貼展現手作鄉村味道	☐
花卉格紋壁紙快速營造鄉村調性	☐
企口板材展現鄉村風特色	☐
石材拼貼彰顯手感與質樸感	☐
塗料色彩選用滿足各種鄉村風格	☐
木門＋門框突顯鄉村風的恬適	☐
拱門帶出經典鄉村語彙	☐
格子門窗帶來互動與光線通透	☐
百葉門窗通風且優雅	☐

天　花　板

圖片提供／摩登雅舍室內設計

Point1. 線板堆疊展現各種鄉村風格

鄉村風天花板經常運用線板裝飾，透過**層層堆砌精細線條**，打造出優雅的天花板。一般的線板多使用**實木、PVC**，或是**內部填充泡棉的現成線板**。不同的線板造型能展現各種鄉村風格，例如歐式風格偏愛裝飾雕花圖案，而美式線條則較為簡約。

Point2. 斜屋頂設計強化鄉村風視覺

透過巧妙的斜屋頂設計，強調了鄉村風格的獨特意象，再配合精心構造的木樑，不僅賦予空間如**度假木屋的迷人氛圍**，更有效提升室內空間的層次感，營造出開闊、舒適的視覺效果，讓人彷彿沉浸在自然與悠閒的鄉間氛圍中。

Point3. 簡約鄉村風首選，平鋪木板天花

若擔心使用木橫樑會造成天花板的壓迫感，可以考慮使用**平鋪木板**的設計方式。木板具有自然的木紋和溫潤效果，覆蓋整個天花板，展現出鄉村風格的輕鬆自然之美。這種設計不僅避免了可能的壓迫感，還能營造出一種**親近自然的空間氛圍**，令人感受到自在與寧靜。

Point4. 木橫樑天花注入濃厚鄉村氛圍

透過實木橫樑的巧妙運用，不僅注入了鄉村風的設計元素，同時也能劃分出各區域的獨特空間設計。木橫樑的選用不僅**帶來橫向延伸的視覺效果**，更營造出開闊的視野感。這種源自木屋結構的裝飾風格在歐式、美式和日式鄉村風格中均有出現，儘管因木屋建築方式的不同而呈現微妙的差異。

地　板

圖片提供／摩登雅舍室內設計

Point1. 木地板營造自然溫潤氛圍

通常臥室和書房的地板常採用木地板，主要使用實木地板或超耐磨木地板。這兩者都擁有天然的木色和紋理，能營造出鄉村風格所需的溫馨質感。木地板的色調和木紋可以根據空間風格進行選擇，深色或粗獷的紋理能呈現穩重感，而淺色的染色則能展現出柔和的效果。

Point2. 復古磚、陶磚營造樸實自然的鄉村感

在鄉村風格的居家裝潢中，公共空間和廚房通常使用復古磚或陶磚鋪設地面。這不僅帶有濃厚的懷舊氛圍，同時也相當容易保養。復古磚的鋪設常搭配裝飾性的花磚，增添視覺亮點，且有多樣的貼法，如**菱形斜貼、雙色跳貼**等，呈現生動變化。此外，復古磚具有止滑、調節濕氣和不易顯髒等特點，在功能上非常適合用於地坪鋪設。

Point3. 馬賽克拼貼創造立體視感

馬賽克拼貼主要使用磁磚、貝殼、小石子、玻璃片等多種素材。這些素材經過切割後，再根據個人創意進行自由組合。只要巧妙搭配色彩，不論是創造**漸層排列**或者**幾何圖樣**，都能突顯平面地板的層次感。

Point4. 磁磚拼貼展現手作鄉村味道

磁磚拼貼是源自西班牙鄉村風格的一種居家裝飾，以其豐富的創意在當地廣受歡迎。這種裝飾技巧無拘無束，可隨心所欲地縮小或擴大拼貼圖案，展現當地**豐富**的裝飾藝術風情，同時散發濃厚的鄉村手作風味。

牆　面

圖片提供／摩登雅舍室內設計

Point1. 花卉格紋壁紙快速營造鄉村調性

運用帶有圖騰樣式的壁紙，不僅能豐富牆面，還能營造出迷人的氛圍。欲快速賦予居家濃厚的鄉村風格，巧妙運用壁紙絕對是一個不錯的選擇！**歐式鄉村**常以花草、藤蔓等植物圖案為主題，而**美式和英式鄉村**則偏愛**格紋或線條樣式**。黏貼在牆面上即可改變整個空間的氛圍。除了素色、古典和幾何圖騰等常見款式外，還有絨布、皮革、仿石材等多樣款式可選擇，鄉村風格建議使用小碎花和格紋來營造視覺效果。

Point2. 企口板材展現鄉村風特色

在鄉村風格的居家裝潢中，企口板材常見於牆面的運用。透過**刷上白色油漆**或巧妙的技術製造斑駁效果，可使空間充滿濃厚的鄉村風格。無論是實木企口牆板還是白色腰壁板，都能打造出鄉村風格的溫暖質感。依據板材的寬窄、木材的深淺以及染色噴漆的不同，能呈現出各種風格的鄉村特色。通常，這些板材會以釘槍固定在牆面上，或**先釘上角料再安裝企口板**，以應對牆面不平整的情況，同時透過角料微調以保持整齊。

Point3. 石材拼貼彰顯手感與質樸感

為了賦予空間自然而粗獷的風格，可以使用**亂石拼貼**的方式，石材獨特的紋理不需額外處理，即可豐富牆面表情。天然石材或小石子最能展現南歐鄉村風格的粗獷樸實。其高硬度、抗磨損性和耐壓性，無需擔心剝落問題，隨著時間的推移更能突顯其獨特的手感和風味。

Point4. 塗料色彩選用滿足各種鄉村風格

使用油漆為牆面上色是鄉村風格居家裝飾的一種常見方式，不同的鄉村風情可在色彩運用中展現。例如，英式鄉村風格偏向深沉且飽和的色調；**美式鄉村風格**則呈現灰階，**色調較為溫暖宜人**，如白色、米白、淺藍、淺綠等；而**南歐鄉村風格**則傾向於**鮮豔且飽和**的色系，包括黃色、橘色、綠色、藍色、咖啡色等。 些色彩的選用營造了各具特色的鄉村風情。

門　框

圖片提供／摩登雅舍室內設計

Point1. 木門＋門框突顯鄉村風的恬適

鄉村風強調質樸、自然，通常**木門表面可呈現出質感豐富的木紋**，加上巧妙選擇的色調，不僅能夠打造出門的實用性，同時為整個室內空間帶來更多的自然光感。在門的選擇上，可融合現代元素，使得鄉村風格更具當代韻味。

Point2. 拱門帶出經典鄉村語彙

鄉村風格經常運用拱門元素，除了能夠明確界定場域，同時展現空間的層次感。拱門的存在使整體格局更加通透，無論觀察角度如何，都呈現一種獨特景致。歐洲建築中的拱型門是重要的設計元素，其**圓弧造型有助於緩解空間過於剛硬的直線條**，樑柱之間的弧形曲線既能定義空間，也能修飾樑柱線條或不對稱的牆面。

Point3. 格子門窗帶來互動與光線通透

玻璃格子門和窗在鄉村風格中常見，木製和鐵件的格子門與牆，**簡約線條搭配樸實色調**，可打造出清新鄉村氛圍，其穿透性也可以增加層次感以及產生空間場域的互動性、引進自然光線。歐式格子門框通常以木材製，白色、米白最受歡迎，也可選擇紅、綠、藍或咖啡色。

Point4. 百葉門窗通風且優雅

百葉門窗是鄉村風格中常見的設計，特意選用細長的造型，透過比例的細長設計，打破視覺上的限制，展現出優雅而具拉高感的美式鄉村風格。在室內門的設計上，例如**櫃子或儲藏間**，使用百葉造型的門片，不僅營造出鄉村風格，同時也帶來通風的效果。

How to do?	
根據地域特色決定用色	☐
大地色調＋白色＝溫馨舒適	☐
以柔和色彩為主要基調	☐
同色系的單品配件統一空間	☐
綠 + 橙色 = 溫暖熱情	☐
綠 + 白 = 自然紓壓	☐
黃 + 磚紅 = 活力明亮	☐
紫色妝點浪漫南法鄉村風情	☐

鄉村風
配色攻略

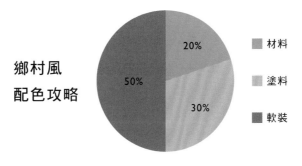

■ 材料
■ 塗料
■ 軟裝

20%
30%
50%

Point1. 根據地域特色決定用色

這風格色彩元素充滿地方特色，與當地氣候、文化及自然環境緊密相連。例如**南歐鄉村風格**喜歡運用**大膽的橙、鉻黃、亮紅**等色彩，若想增添家居熱情，可選擇局部牆面刷上亮眼暖色，營造畫龍點睛的效果。另外，地中海建築則以白、藍為主；**南法鄉村風**則以**橘、黃、藍、綠**營造耀眼視覺效果；北非的鄉村氛圍則喜愛運用赤陶、赤土瓷磚，搭配溫暖色調的木傢具，展現北非熱情色彩。

Point2. 大地色調＋白色＝溫馨舒適

在鄉村風格的室內設計中，常見整體採用白色為主基調，搭配部分牆面採用大地色系，例如白色搭配淡藍，使整體空間呈現舒適而溫馨的感覺。此外，透過不同的**壁面繪圖**技巧，也能夠賦予空間更豐富的立體層次感。

Point3. 以柔和色彩為主要基調

鄉村風格強調舒適自在，為了呼應這特點，天花板和樑柱以淺色為主，留白設計。**壁面則採用柔和色調**，如粉紅、粉藍，以營造舒適感和增添空間層次。這樣的配置既能提升空間的立體感，避免造成壓迫。

Point4. 同色系的單品配件統一空間

若對於空間色彩配置不夠熟練，建議先嘗試**同色調的搭配**，挑選相近的顏色如紅、黃、橙，或進行彩度及濃度的微調。這種搭配方式不僅更安全，還能**呈現出更一致的空間效果**。

圖片提供／摩登雅舍室內設計

Point5. 綠 + 橙色 = 溫暖熱情

由於歐洲地區緯度高，日照時間短，因此習慣運用大量溫暖色調，透過**豐富的飽和度和對比**，營造出溫馨的居家氛圍。自然界中的橙色和綠色則帶來豐收和滿足的感覺，是傳統鄉村風格中常見的搭配。

Point6. 綠 + 白 = 自然紓壓

白腰牆搭配主色不僅轉移視覺焦點，更能營造出寬敞開朗的空間，這是鄉村風格中常見的技巧。特別是**綠色與白色的組合**，被視為無懈可擊的搭配，因其帶來的紓壓和療癒效果，深受現代人喜愛。這樣的配色不僅為視覺帶來愉悅感，更**營造出自然與和諧的氛圍**，提升居家生活品質。

Point7. 黃 + 磚紅 = 活力明亮

鄉村風格常見陶磚與紅磚，因此，**黃色成為磚紅的完美伴色**，無論淺黃、金黃，皆相宜。淺黃散發素雅風情，金黃則營造義大利式的宏偉感，而赭石黃則營造普羅旺斯的優雅美感。這種搭配不僅賦予磚牆活力，更**展現出鄉村風格的自然和溫暖**。在這豐富的黃色系中挑選，不僅令空間生色不少，還可根據個人喜好營造出不同的風情氛圍。

Point8. 紫色妝點浪漫南法鄉村風情

普羅旺斯最為著名的就是薰衣草花田，因此具有高貴、浪漫氣質的紫色也成了樸實的南歐鄉村風格中常見的顏色之一。在南法居家空間中，紫色多用於**局部空間的色彩妝點**上，如果想運用在壁面，紫色可以讓空間出現視覺的亮點，很適合運用在走道等過道空間中。

圖片提供／摩登雅舍室內設計

How to do?	
自然簡樸的原木與仿舊家具	☐
棉麻織品展現舒適與質樸感	☐
餐廚生活道具擺設增添悠閒氛圍	☐
蒐藏品與傢飾成為最佳擺飾	☐
木家具刷白增添日式鄉村氣息	☐
營造出最出色的自然風生活雜貨	☐
花卉、格子與條紋圖騰強化鄉村風格	☐
造型豐富的鍛鐵製品	☐
曲線造型家具櫃體提升柔和感	☐
籐編的家具與收納設計	☐
器皿植栽為空間增添活力	☐
蠟燭造型燈帶出復古氛圍	☐

Point1. 自然簡樸的原木與仿舊家具

在追求異國田野生活風情的鄉村風格中，自然溫潤的木材質家具是絕對不可或缺的重要元素，尤其強調自然古樸的南歐鄉村風格中，不論是**不加修飾的寬厚木板**或是**白色、綠色的染木家具**，總能看見木材質的身影。除此之外，選擇仿舊處理的家具，模擬斑駁歲月的痕跡，不成套混搭，也能營造出強烈的人文氣息。

Point2. 棉麻織品展現舒適與質樸感

質樸的鄉村風格注重在織品的運用上展現出舒適的質感，同時強調簡約不造作的樣式。因此，在材料的挑選上，主要以當地豐富的**棉和麻**等素材為主。透過這些舒適的布料材質，不僅達到了實用性的考量，同時也在空間氛圍上營造了平衡的效果。

Point3. 餐廚生活道具擺設增添悠閒氛圍

要打造出鄉村風格的廚房，必須在佈置上下功夫，其中不可或缺的就是各種**雜貨**。例如，可以選用**銅鐵製的鍋碗瓢盆、各式廚房用具、瓶罐容器，以及陶瓷琺瑯餐具**等，這些都是極佳的佈置靈感來源。這些餐具用品十分親切自然，一放置在廚房空間中，立刻就能感受到悠閒自在的鄉村情懷。

Point4. 蒐藏品與傢飾成為最佳擺飾

南歐鄉村風格的居家收納有別於現代隱藏式設計，偏好**以開放展示**的方式進行規劃，像是個人收藏與相框、蠟燭等，連鍋碗瓢盆也會懸掛出來。每個裝飾品都像是一個生活的故事，串聯起溫暖的回憶，為空間增添溫馨情懷。

Point5. 木家具刷白增添日式鄉村氣息

日式居住空間坪數不大,因此在日式鄉村風的營造上,也多以白色為基調,為的就是要空間看起來更乾淨、無壓。因而就連木家具、櫃體,也多半會刷上白漆做表現,刻意不塗得太均勻,**保留一點塗刷痕跡**,一展典型日式風外,也帶出手作味道。

Point6. 營造出最出色的自然風生活雜貨

想要讓日式鄉村風格更加出色,千萬不能忘了層架,**掛於壁面或是用梯架做表現**,它不單只是一項展示工具,而是成為佈置的另一個可用空間。在層架上可以擺放琺瑯餐具或是收納罐等,一展自然風生活雜貨,也把日式的放鬆、愜意感覺給帶了出來。

Point7. 花卉、格子與條紋圖騰強化鄉村風格

花布是英式鄉村風格中不可或缺的元素。**格子印花和條紋布料**同樣是鄉村風的代表花樣,尤其在棉布沙發、抱枕、坐墊和窗簾等方面,展現出美式自然、不做作的舒適感。在寢具方面,可以選擇**小碎花或拼布**的樣式,透過表面圖案營造浪漫氛圍。如果空間視覺已相當豐富,寢飾則可選擇素色款式,展現鄉村風格中柔情且雅緻的一面。

Point8. 造型豐富的鍛鐵製品

鍛鐵材質常見於鄉村居家,其可塑性使其呈現多樣形狀。雖冰冷,但彎曲的線條賦予空間柔美感。大型家具如床、門框,小飾品如燭臺、畫框均能見其複雜或簡約的線條。與木製品相比,鍛鐵家具造型更豐富,廣泛應用於家具和收納設計,許多**鍛鐵家具搭配籐編**,如籐籃鍛鐵置物櫃、籐編椅座與鍛鐵椅腳的椅子。

Point9. 曲線造型家具櫃體提升柔和感

鄉村風家具和櫃體常以花紋浮雕、弧形造型和溝槽點綴，美麗的線條提升了柔和感，營造出休閒度假的氛圍。桌椅腳的**曲線弧度散發自然的柔美浪漫氣息**，搭配花紋傢飾或洗白家具，風格更加完整。

Point10. 籐編的家具與收納設計

在所有鄉村風格中籐編幾乎是一個通用元素，如果想要更貼近南歐鄉村的日常生活，那就在家中添入一只實用的**籐籃**，隨手放置一份報紙或浴巾，都可以更貼近南歐鄉村日常的居家風景。

Point11. 器皿植栽為空間增添活力

在陽光充足的南歐鄉村中，茂盛的植物生態也常見於居家中，甚至於義大利中部的托斯卡尼，更是隨處可見植物爬滿外牆的建築景觀，可說是相當早期的綠建築。因此，在居家的規劃上可以透過一些器皿植栽，或是給予自己一座小陽台，種植如**九重葛、長春藤**等植物，都可以為居家空間注入清新的活力風采。

Point12. 蠟燭造型燈帶出復古氛圍

中古風格的蠟燭造型燈具能賦予空間寧靜古雅的氛圍。由於蠟燭燈本身形狀複雜，建議燈具線條保持簡潔，突顯燈的獨特性。若在同一空間使用兩盞以上，需**謹慎安排主從關係**，以避免失焦。

CHAPTER

8 /

美式風

圖片提供／奧立佛╳株株聯合設計

　　美式風格又可劃分出傳統古典風格、美式殖民風格和現代都會美式風格、美式鄉村風格四種。其中傳統美式風格在顏色上以深紅、綠及駱色為主要基調，空間規劃上飾以線板搭配，平面配置均以正式對稱空間為主。另外美式殖民風格特色是深色木條牆面和柚木地坪，以及經常出現玻璃雕刻的花卉燭台、油燈、各式古典銀器、銅器和具有非洲特色的木雕等傢飾擺設。至於現代都會風格則色調溫暖，即使是白色空間也不會是冷調的白漆，多少帶一些灰色，或者以特殊壁紙取代，讓人感覺溫暖而舒適的空間環境，也有磚牆外露的特色建築語彙，被運用於室內空間中，展現個性化的一面。家具講求舒適、線條簡潔與質感兼具之特色，有時亦會融入帶有自然風味的簡潔家具，或者經過古典線條改良的新式家具。

／ 設計細節

How to do?	
公共空間的雙進式動線規劃	☐
公共領域採用開放式規劃	☐
廚房必備島型便餐檯	☐
漸進式衛浴與更衣室動線	☐
木地板運用呈現溫馨空間	☐
壁爐營造經典美式印象	☐
都會風元素「磚牆外露」	☐
天花板線板功能大於設計	☐
木條天花營造休閒感	☐
運用地磚呈現粗獷感	☐
門框與窗框造型	☐
壁紙豐富牆面	☐

格　局

Point1. 公共空間的雙進式動線規劃

若空間條件允許，特別是 50 坪以上的大尺寸空間，採用**雙進式的玄關設計**最適合運用在美式風格居家，以白色格子雙推門做為空間的連結，搭配白色古典風格的玄關櫃及吊燈，讓人一進門就能感受到空間的氣勢。如果無法採用雙進式玄關規劃，也可以**用隔屏設定出獨立的玄關區域**。

Point2. 公共領域採用開放式規劃

美式生活空間都要有一定的尺度，且講究舒適的氛圍，希望空間看起來開闊，特別是**客餐廳等公共空間**，建議採用**開放式的設計規劃**，動線更為流暢且視野無阻礙而感到寬敞。

Point3. 廚房必備島型便餐檯

廚房是美式居家重要的空間之一，除了烹調外，廚房也是平日進食的餐廳，**島型便餐檯**的設計，**為廚房提高機能性**，也符合美式家庭中喜歡連繫家人情感的氛圍。

Point4. 漸進式衛浴與更衣室動線

更衣室是美式風格居家常見的空間配置，而**更衣室的規劃多與浴室連結**，最主要的原因在於使用的便利性，讓使用者在整裝後，方便做最後的修飾。若空間條件不足無法有獨立的收納更衣室，在收納空間的規劃上也要貼近美式風格，像是用線板門片來表現空間語彙也是應變的方法之一。

材　質

Point1. 木地板運用呈現溫馨空間

在北美較常使用的木地板材質以楓木、紅木與桃花心木居多，使用木地板為傳統習慣，能夠營造地坪溫暖感受。在台灣想要營造美式空間，建議可選擇**原色橡木、楓木、柚木或者山毛櫸**，搭配區域地毯就很有味道。

Point2. 壁爐營造經典美式印象

壁爐在台灣通常主要用於裝飾，但一些設計師則結合實用功能來規劃，現今電壁爐已普及，以電熱取代並呈現火焰圖樣，考慮實用性時，建議選用隔熱防火材料。以自然風格的美式空間，可使**用紅磚或粗獷石材**砌成壁爐，風格迥異，並搭配室內色系。形式上可擇全牆式或壁爐台面樣式。**純裝飾性的壁爐設計可替代主牆，突顯主題性。**亦可選擇木作方式，以白色壁柱嵌入黑色璧玻璃或大理石，呈現不同風格。

Point3. 都會風元素「磚牆外露」

紅色磚牆外露的質樸牆面，通常用於鄉村風格或者 loft 空間之中，呈現美式住家自然、或者對比強烈的材質表現。另外，在磚牆面直接塗上白漆，營造現代感同時帶有幾分對比的空間味道。

Point4. 天花板線板功能大於設計

線板的設計源自於早期歐洲，展現空間華麗與手工藝之美，流傳至今，線板的線條已被簡化，除了設計師常用的橫條線板之外，較為花俏的刻花與造型線板，在古典風格中較常看到。但美式風格中的線板功能多用於**牆角與天花板的收邊**效果，**增加空間線條感**，不適合過於繁複。

Point5. 木條天花營造休閒感

木條天花給人的第一印象是極具休閒風格的空間元素，但也常被用於現代休閒與鄉村風格，搭配風格主題在選材與顏色上也有所不同。不過當木條天花被用於台灣居家空間時，常是為了**修飾樑來的壓迫感**，保留天花板的高度。

Point6. 運用地磚呈現粗獷感

美式空間中的地磚較常被用於入口玄關、廚房、浴室、公共走道等區域，**表現自然的粗糙面地磚**最有美式風情，但考量台灣氣候與空氣，不易清理又容易髒，可以選擇仿自然地磚取代。

Point7. 門框與窗框造型

在每一個空間的門框與窗戶邊上作造型，目的是為了讓簡潔的空間多一些變化，**立體的門框**設計，還可**突顯空間層次**。門框形式包含現代斜角、俐落正方、多層次與雕花等，必須依空間大小、風格呈現與屋主喜好來作決定。

Point8. 壁紙豐富牆面

壁紙在國外使用的情形很多,不論英國或美國地區,甚至還有整個公共空間都貼滿壁紙,壁紙在歐美歷史由來已久,甚至還有每一時期的代表經典圖案。壁紙顏色與圖案的挑選,可從家具圖案與色調作一延伸。想營造美式鄉村風格,可選擇布沙發上的顏色,以暖調與彩度中性的色彩下手;若希望打造都會風質感,可挑選中性色調但本身質感獨特之壁紙使用。

圖片提供／奧立佛 X 株株聯合設計

135

How to do?	
用不同紅展現花團錦簇效果	☐
色彩取自大自然	☐
公共公間以中性或暖色調為主	☐
天花板與樑柱應留白	☐

美式風
配色攻略

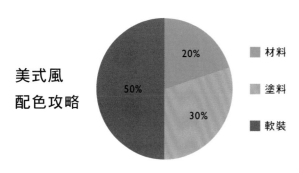

20%　■ 材料

50%

30%　■ 塗料

■ 軟裝

Point1. 用不同紅展現花團錦簇效果

例如最常見的紅酒顏色，在沙發與抱枕上可以4種型態來表現花團錦簇的效果—紅色小碎花圖案＋紅色**格紋**圖案＋紅色**平織布單色**圖案＋紅色相閒百納被雜色圖案，不但展現立體感，更滿足多元觸感。

Point2. 色彩取自大自然

美式空間色彩掌握靈感取自於大自然，包括**泥土**，**果實的顏色**，將此融於空間中，如沙發，地毯，窗簾與壁面的油漆等，作一色彩層次與圖案不同的變化，豐富空間立體感。

Point3. 公共公間以中性或暖色調為主

基礎的油漆顏色運用，公共空間以中性或暖調色系為佳，例如客廳壁面**採用毫灰色為主色**，再以白色線板做跳色，讓空間更具層次感。或是以溫暖的低調色彩為主，如淡黃或者鵝黃色系，給人溫暖而不批判的色彩感受。半開放區域可以舒適而減壓的淡藍色主，其中小部分的重複語彙，有助於空間的連結性。

Point4. 天花板與樑柱應留白

油漆面積**以牆面為主**，天花板與樑柱多留白，不但增加空間立體感，也留下喘息的機會，不致造成壓迫。

圖片提供／奧立佛╳林株聯合設計

家具軟裝

How to do?	
家具樣貌可以多元選擇	☐
家具材質以布及木材為主	☐
美式家具強調自然擺放	☐
實木家具較經得起時間考驗	☐
局部光源燈具的多元使用	☐
地毯暖化空間	☐
窗簾與空間的完美搭配	☐
善用鏡子花器與蒐藏品展現品味	☐

Point1. 家具樣貌可以多元選擇

傳統美式家具因應美國居家大空間與講求舒適之機能,在尺寸上較大,除非室內坪數足夠,否則不一定適合台灣居家環境,建議可以選擇經過改良與新興風格之家具,符合實際使用空間之比例。像是**現代感十足的美式家具**,則是**講求舒適性為主**,保留優雅的線條表現,簡化複雜的雕刻,同時顯得溫馨而不冷冽,非常適合台灣的居住空間。

圖片提供／奧立佛 X 株株聯合設計

Point2. 家具材質以布及木材為主

美式家具相對歐洲家具來看較為簡潔，因此細節處理顯得特別重要，一般採用**胡桃木與楓木**，為了凸顯木質本身特色，家具貼面採用複雜的薄片處理，使紋理本身成為一種裝飾，在不同角度下產生不同的光感。沙發則是以布沙發居多，特別是經過**厚實經緯線密織的布料**，在觸感與質感上，更舒適、樣式選擇多元。

Point3. 美式家具強調自然擺放

考慮平面與動線因素，以不影響活動便利性為主，來作調整。以立面空間來看，家具整體體積以不超過 1/2 為佳，若超過比例，容易感覺擁擠、不舒服。除此之外，強調自然擺放的美式家具，摒除制式 3、2、1 人座沙發的排列方式，**主張自由搭配**，特別是強調個人喜好的方式，空間若不大，可以選擇 3 或 2 人座沙發，另外**搭配一至兩張樣式不同且造型獨特之單椅**，就很有味道。

Point4. 實木家具較經得起時間考驗

注重舒適感與個人生活特色使然,挑選家具時強調實用性,也喜歡愈用愈舊有愈有味道的家具,因此材質必須是**實木或者耐用札實的布料**,才更經得起歲月的洗鍊。

Point5. 局部光源燈具的多元使用

在美式空間裡可以看見許多桌燈與立燈的運用,**桌燈與立燈適合用於局部光源的營造**,除了實用機能之外,也成為空間中的佈置品,像雕塑作品一樣具有藝術價值。例如:水晶吊燈在美式空間裡最常出現的地方是餐廳空間,壁燈多使用在玄關入門處、壁爐兩側、臥室主牆兩側或者浴室洗手檯上方,也被廣泛用於走道照明。

Point6. 地毯暖化空間

在美國住家中由於氣候乾燥,因此室內地毯被大量且大面積地使用。考量台灣氣候潮濕,建議可局部使用區域毯,例如客廳區、玄關入口處、書房、臥室與過渡空間,能夠增加舒適感。地毯的**大小與擺放空間主題比例約為 2:3**,若只是局部區域讓地面視覺溫暖豐富,可選擇好清洗面積不大的地毯,條狀地毯放置於走道區;方形地毯可以置在起居空間沙發下方,以比整組沙發稍大為準則。

Point7. 窗簾與空間的完美搭配

窗簾除了實際遮陽的功能之外,也具有為空間畫龍點睛的效果。窗簾花色的選擇可以從家具或抱枕的主要色調著手,作一搭配。也可選擇單色紗簾做層次搭配。窗簾的材質也很多,絨布、絲質、純棉與紗等,若想搭配經典傳統美式空間,可選擇**穩重深色絨布窗簾,絲質窗簾帶有奢華質感**,印花棉質窗簾選擇更多,可搭配鄉村風等。

Point8. 善用鏡子花器與蒐藏品展現品味

鏡子與花器也是空間中重要佈置品，鏡子造型種類很多，有的被放置在壁爐上方，有的隨地而置，透過折射製造空間感與畫面延伸。另外像是燭臺、披毯、抱枕是必備且實用的傢飾品，其他傢飾品則以記錄旅遊與藝術蒐藏為主。

CHAPTER

9 /

日式無印風

日式無印風的居家設計以「輕量無負擔」為核心理念，打破現代生活的繁複，讓人在家中感受到與自然親近的寧靜。天地壁、家具傢飾及光源的配置，注重生活感、潔淨素雅、貼近自然、輕鬆無礙等概念。主要色調以白、米、杏、土、木色為基調，營造整體視覺的和諧感。選用無垢材、水泥、棉麻竹藤等原始質地，保持自然質感。光源方面以自然光為主，通過線條簡潔的燈飾投射黃光，營造出溫馨柔軟的氛圍。透過這樣的居家環境，人們可以在簡約中找到平衡，實現身心靈的最佳紓壓居所。

/ 設計細節

How to do?	
簡潔且多面開放的回字動線	☐
簡化立面線條設計	☐
重整隔間放大生活尺度	☐
開放餐廚增加互動性	☐
木質佔比高，搭配棉麻打造乾淨簡單氛圍	☐
低限度的用材與設計	☐
大面積鋪設木地板	☐
玻璃與木格柵保留通透性	☐
不做滿的櫃體讓空間得以呼吸	☐
一物多用整併複合式機能	☐
複合式淺色櫃體，連結機能與動線	☐
開放收納櫃體表現生活感	☐

格 局

Point1. 簡潔且多面開放的回字動線

日式無印風以其簡潔自然的特色在於天地壁與家具軟件，這不僅體現在外觀設計上，更表現在**視覺上的輕盈感以及整體生活動線的順暢度與開放性**。這些特點包含在空間的結構，同時也體現在色彩的選擇上，如多功能穿透式的固定隔間或多面開放的「回」字動線，巧妙地與壁面色彩相呼應，賦予生活更多的靈活性和自在感。

Point2. 簡化立面線條設計

日式無印風居家注重**避免過多的線板、裝飾和複雜的造型線條**，透過簡化立面線條，自然而然地產生一種放大效果。摒棄了空間中的瑣碎稜角，重新塑造了整體線條的一致性，帶來寬廣的舒適感，使得視覺感受更加俐落而流暢。

Point3. 重整隔間放大生活尺度

無印風強調空間整合感，讓居家空間更加流暢和一致。遠離瑣碎的稜角，線條變得更加開闊，營造出愉悅的居住感受。在格局規劃上，去除非必要的隔間，增加採光，使居住者在開放式空間中更輕鬆自在地活動。透過拆除不必要的隔間，提高光線的進入，使居住者能在寬敞的開放式場域中更輕鬆地活動。也可以透過**彈性隔間的設計，創造出多功能的空間**，例如將客廳結合書房，或者餐廳與工作區、閱讀區等相結合，使一個空間能擁有多樣的用途。這樣的設計讓視覺不再被內部的門牆所限制，自然而然地創造出更加舒適自在的居住環境。

Point4. 開放餐廚增加互動性

無印風居家以開放式餐廚設計為特色，突顯簡約自然的生活美學。無需多餘隔間，**廚房與餐廳融為一體，空間更加通透寬敞**。簡潔的線條、自然的色調，打造和諧的視覺感受。此設計不僅提升居住品質，也促進家人間更緊密的互動。開放餐廚，將烹飪的樂趣融入生活，同時為家居注入輕鬆自在的氛圍，體現出無印風樸實而溫暖的生活理念。

材　質

Point1. 木質佔比高，搭配棉麻打造乾淨簡單氛圍

無印風源自無印良品，以溫暖的白色和淺木色搭配，融入日式模組化的收納理念，選用棉和麻、藤編材質打造簡潔清新的空間。**木質在日式風格中扮演重要角色**，無印風更加注重木質元素，給人一種放鬆舒緩的感受。公共區域的木質地板與餐廳的木質元素相互輝映，搭配木製櫃體、餐桌和電視櫃等軟裝，營造出更加溫馨愉悅的家居氛圍。

Point2. 低限度的用材與設計

建構擁有日式無印感的家居空間，需遵循「簡化」與「混搭」兩大原則。首先，刪去複雜的設計語彙和元素，以極簡的用材為基礎，從細微處追求純粹與自然質感，逐步轉化為整體空間的符號。透過這樣的過程，打破繁複，創造出空間的流暢感和協調質感，使居家空間更貼近日式無印的理念。

Point3. 大面積鋪設木地板

木地板是日式無印風最鮮明的特色，包括實木地板、海島型木地板、超耐磨木地板，皆適用於客廳、餐廳、房間等室內空間。在挑選木地板顏色時可以留意，**淺木色較為明亮，**通常給人簡約俐落的感覺，而**深木色則帶有沉穩傳統風格**。

Point4. 玻璃與木格柵保留通透性

日式無印風特別注重空間的光線和明亮度，因此常使用玻璃材質和格柵元素。這種設計在許多地方可見，例如**玻璃拉門和格柵屏風**，成為代表性的元素。這些元素在某程度上替代了傳統的障子門，呈現更**現代、實用和簡潔**的風格，為日式風格注入新的面貌。

機　能

圖片提供／十一日晴空間設計

Point1. 不做滿的櫃體讓空間得以呼吸

無印風居家強調營造寬敞明亮的環境，透過**輕量整合**的設計手法，達到留白的視覺效果。即便是收納櫃或鞋櫃，也無需充斥整個牆面，讓空間得以呼吸，視覺享有自由流動感。這樣的輕巧布局能夠順應環境，擴大室內感受，營造更舒適的居住空間。

Point2. 一物多用整併複合式機能

無印風空間中的所有動線機能設計，強調滿足居住者基本需求，以極簡的模式為出發點。物品在此不僅具有單一功能，例如家具同時可作為隔間牆，床也可能融合收納和書桌功能。透過**複合式機能整合**，使一種設計能夠兼顧多重需求，同時**有效簡化空間用度**，提升生活空間的效能。

Point3. 複合式淺色櫃體，連結機能與動線

「通透輕盈」是無印風空間的特點，無多餘隔間牆，以大型櫃體實現複合機能，一櫃多用串聯空間，形成流暢動線。透過巧妙運用色彩和材質，淡化大型量體的輪廓，營造出輕盈感，降低視覺的沉重感。

Point4. 開放收納櫃體表現生活感

仔細觀察日式無印風的居家也會大量結合方格櫃、展示架、層板、洞洞板等收納規劃，但這些櫃體形式通常還是線條簡單，加上**深淺木色**或是**活用整理盒**的概念表現更具生活感的氛圍。

圖片提供／十一日晴空間設計

／ 色彩運用

How to do?	
白色搭配木質調創造療癒感	☐
木色結合低彩度藍或綠	☐
深淺木色搭配避免超過三種	☐
天地壁色彩配比，首重層次與和諧	☐
溫暖柔和跳色牆，讓空間更活潑	☐
低彩度莫蘭迪色展現個人特色	☐
自然光源與色彩協調，打造明亮開朗	☐
中性色與原色搭配，保持平衡穩定	☐

日式無印風
配色攻略

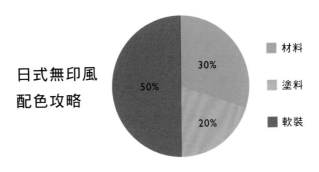

50%　30%　20%

■ 材料
▨ 塗料
■ 軟裝

Point1. 白色搭配木質調創造療癒感

日式無印風的代表元素包括溫暖、舒適、和諧。**白色的敞亮與包容性**，使其他元素得以充分展現；木質的原色與質感，則將人與大自然聯繫在一起。無印風居家用色主題強調這樣的色彩搭配，透過白色提供空間明亮感，透過木質元素營造出自然與和諧的氛圍，使居家空間更顯舒適宜人。

Point2. 木色結合低彩度藍或綠

無印風居家用色主題中，**綠色帶來溫煦自然、活力健康和清爽感；藍色則療癒、放鬆且開闊**，賦予空間年輕活力。兩者融合灰色的簡約和療癒，以低彩度呈現，有效降低視覺壓力。與原木色相結合，形成和諧融入空間的搭配。這樣的色彩選擇營造出清新、舒適的居家氛圍，符合無印風追求簡約、自然的理念。

Point3. 深淺木色搭配避免超過三種

無印風居家大面積的地面材或佔比較大的門片板材，通常以**淺色或色階相近的木色打造出層次感**。特定區域的家具，如餐桌或書櫃，則傾向選用深色，以營造穩定感並強調空間的「重心」。整體木色的搭配通常不超過三種，確保色調協調一致，呈現出整體空間清爽而和諧的氛圍。

Point4. 天地壁色彩配比，首重層次與和諧

色彩配比的重點在於細膩微調，特別是在佔絕大部分的天地壁上，必須遵循自然和諧的原則。例如，全白的天花板、深淺木色地板、家具和電視牆，透過**鄰近色階的微細差異以及材質的變化**，巧妙打造出空間的層次感。這樣的設計使整體色調和諧統一，營造出精緻而富有層次感的居家氛圍。

Point5. 溫暖柔和跳色牆，讓空間更活潑

日式無印風的空間色彩通常不會太過先搶眼，如果想要有些變化，建議可適時選擇一道立面添加「跳色牆」，色調應以**柔和淺色為**主較為恰當，搭配自然紋理材質的質感表現，自然而然營造家的溫暖氛圍。

Point6. 低彩度莫蘭迪色展現個人特色

雖然說無印風最經典的配色是白色搭配木質基調，不過近年來有許多設計師也會使用莫蘭迪色，藉由**低彩度的顏色運用**，讓空間既簡約又能展現個人特色。

Point7. 自然光源與色彩協調，打造明亮開朗

日式無印風注重自然光的運用，因此在色彩搭配上需考慮光源的照射。淺色調和木質元素有助於反射自然光，使室內空間更明亮開朗，呼應和諧自然的居家氛圍。

Point6. 中性色與原色搭配，保持平衡穩定

為避免色彩過於突兀，建議在無印風居家中加入中性色，如灰、米白等，與原色搭配，保持整體色調的平衡穩定。中性色的溫和與原色的清新形成和諧對比，營造出宜人的居家環境。

圖片提供／十一日晴空間設計

How to do?	
無垢家具創造溫潤自然	☐
淺木色單品，傳達無印精神	☐
綠色植栽點綴鋪陳自然感	☐
窗簾搭配色系選材，用光影說生活	☐
簡單軟裝依喜好作變化	☐
自然材質地毯提升居家質感	☐
棉麻布料創造溫暖與舒適度	☐
自然元素搭配，引入簡約美感	☐

Point1. 無垢家具創造溫潤自然

無垢家具是日式無印風中極具代表性的元素，指的是實木家具，即樹木砍伐後直接進行加工製成，**不經過塗漆等處理，保留木材的自然氣孔**，呈現出自然溫潤的紋理。隨著現代製程技術的精進，許多木質家具能在保養得宜的情況下，展現出紋理並傳達其獨特的精神。例如，日系品牌的胡桃實木餐桌椅搭配綠色植栽，展現出濃厚的自然氛圍。

Point2. 淺木色單品，傳達無印精神

在選擇無印風家具單品時，通常以淺木色為主打，並**透過實用性或設計理念彰顯無印的生活態度**。例如經典的蝴蝶凳和廣為人知的Ｙ椅，展現了無印風的極簡概念。蝴蝶凳以形隨機能而生，呈現極簡主義，體現了柳宗理「用即是美」的宗旨；而Ｙ椅則注重一體成型的簡潔俐落風格，完美詮釋了無印風的簡約美學。

Point3. 綠色植栽點綴鋪陳自然感

在無印風的室內搭配中，綠植被巧妙地融入玄關處、用餐桌，甚至流理台的角落，為空間增添自然風情。為了達到清新簡約的效果，可以**選用不需全日照、易於打理的室內植物**，如常春藤、波士頓蕨、金邊虎尾蘭、龜背竹等。這些植物不僅能夠淨化空氣、調節濕度，還能在室內營造出清新自然的氛圍，提升居住空間的質感。

Point4. 窗簾搭配色系選材，用光影說生活

無印風的家會透過窗簾的選用來調節光的進量，創造出獨特的光影效果。通常**選擇白色、杏色、米色的棉麻遮光布、透光紗簾、蜂巢簾、百葉簾**等材質，以使光線更有層次感。同時，透過加大開窗面積引入更多光源，進一步照亮木色地坪和家具，使整個空間充滿清新的舒適感。

圖片提供／十一日晴空間設計

Point5. 簡單軟裝依喜好作變化

無印風居家的傢飾軟件搭配不僅僅是裝飾，更可以在空間中發揮協調性或是畫龍點睛的效果。以木質調的居家空間為例，透過在兼顧空間陳設調性的前提下，**少量地添加披毯、抱枕、地毯等織品**，能夠為空間增添溫度感。這樣的點綴不僅保持了整體簡約風格，同時也展現了屋主的個性與品味。

Point6. 自然材質地毯提升居家質感

在日式無印風居家裝潢中，選用自然材質的地毯是重要的元素之一。以草織地毯或羊毛地毯為例，這些**天然材質能夠提供柔軟的觸感**，同時營造出質樸自然的氛圍。地毯的選用不僅能夠為地板增添居家溫暖感，也在視覺上豐富了空間的層次。

Point7. 棉麻布料創造溫暖與舒適度

日式無印風除了重視實用性之外，也很在乎舒適度，所以跟日式禪風相比，無印風會**佈置更多的棉麻布料**，來提升室內家具家飾的柔軟度，讓觸覺和視覺都更有變化性。而且棉麻布料的顏色及花紋選擇十分多元，可以按照個人的喜好，搭配出不一樣的日式無印風樣貌喔！

Point8. 自然元素搭配，引入簡約美感

無印風強調與自然的連結，透過自然元素的巧妙搭配，營造出更為簡約的美感。例如，在家具或擺飾中加入一些天然材質，如**竹製品、乾燥花或是原木製品**，能使整體空間更顯自然與和諧。這樣的搭配不僅展現了無印風的設計理念，同時也為居家帶來更加富有生機的氛圍。

圖片提供／十一日晴空間設計

CHAPTER

10/

侘寂風

圖片提供／覺知造所

在看似質樸的空間中，以天然的素材、大量的採光、骨董以及藝術品，堆疊空間的層次，讓大宅的尺度昇華，處處都能流洩出居住者高雅不凡的品味。世局的動盪，激發人類對平靜安穩的渴求，侘寂接受當下、欣賞不完美的哲學，與當代人的處境不謀而合，使得侘寂風從小眾躍向主流。源於日本茶道的侘寂，是一種接受短暫和不完美為核心的日式美學，強調穿越表象，追求事物的本質，長久以來影響日本的文化以及審美，在歲月的流觴中，到現代成為追求質感、品味以及進階生活的代名詞。

PART

／ 設計細節

How to do?	
減少隔間，為家造個「空」	☐
淡化空間線條，柔和視覺感受	☐
留白手法，放大生活尺度	☐
簡約之間，善用幾何元素呼應自然	☐
帶入自然光，為空間設計加分	☐
切換照明設計，營造環境氛圍	☐
依託於自然光線帶出細節美	☐
大膽混搭，水晶燈化為發光的植物	☐
特殊塗料，體現自然元素的	☐
粗獷水泥，呈現質樸與原始氣息	☐
運用木紋，表現材質自然紋理	☐
選用岩石，呈現原始沉穩氣息	☐

框　架

圖片提供／ Peny Hsieh × 源原設計

Point1. 減少隔間，為家造個「空」

東方人買房通常先詢問的是幾房幾廳，然而在規劃富有侘寂氛圍的居住空間時，這種問題可能是不智之舉。在空間劃分上，應該遠離「物盡其用」的觀念，而是在**滿足基本機能需求後，主動營造出更多的「空」**。這樣的設計理念旨在打破傳統的空間框架，以開放的格局連結公共和私人領域，創造通透感，同時確保整體動線的流暢。相較於過多填滿的設計元素，應該保留空間，讓人與環境之間能夠自由對話，形塑一個令人感到沉穩、平靜的居住天地。

Point2. 淡化空間線條，柔和視覺感受

細心觀察侘寂風格的空間，可以從結構層面觀察到大量的曲線和曲面，透過巧妙的重組和堆疊，呈現出豐富的弧線元素。過多的線條不僅會劃分空間，還可能給人的視覺帶來

負擔。因此，在設計中，可以**運用弧線來修飾空間的稜角**，或者在整體結構上引入變化，以淡化空間中的線條，減弱線與面交錯的視覺感受，使整體視覺更具柔和感。

Point3. 留白手法，放大生活尺度

在侘寂風格的空間裡，留白被視為不可或缺的關鍵元素，這種手法有助於賦予空間開闊的感覺。如何巧妙地區隔「留白」和「空白」，也成為設計師技藝的一大考驗。在留白的空間中，更應該用心打造細緻的元素，例如**精心挑選材質、捕捉光影變化**等，這些細節必須創造出令人驚艷的感覺，才能激發人們對空間的持續探索與品味。

Point4. 簡約之間，善用幾何元素呼應自然

侘寂美學的核心精神在於崇尚自然樸實，然而，這並不代表天花板僅能保持平整。相反地，可以巧妙運**用長方形、圓形、正方形等幾何元素**，使空間在簡約中呈現更豐富且層次豐富的面貌，注入更多的變化和動感。

燈　光

圖片提供／本晴設計

Point1. 帶入自然光，為空間設計加分

要襯托出侘寂風空間的質感與律動，自然光是必不可少的，而基地的坐向牽涉到整體的採光，最終影響整個空間的氣質。在設計時一定要**清楚房子的坐向，才能掌握讓自然介入空間的狀態**，自然的光線擁有渲染空間的魔力，映照在材質、物品上，都能創造明暗提升本身的層次。除了烘托映襯的效果之外，光也能自成一角，藉由光線的改變讓空間中的人感受時間的流動，體現侘寂中欣賞時空改變所流露出的本質之美。

Point2. 切換照明設計，營造環境氛圍

燈光如同房子的靈魂，能讓空間聚焦，形塑與空間匹配的情境，侘寂講求創造出能讓內心感到寧靜樸實的氛圍，太白、太強的光源，會破壞整體的和諧，讓神秘感消失殆盡。建議，運用減法思維安排燈光出現的節奏，減少燈具的數量以及燈光的強度，利用**間接照明烘托空間中的材質**，加入機能性的可移動光源，利於居住者依據想營造的環境自由切換。

Point3. 依託於自然光線帶出細節美

侘寂精神裡強調自然光線的運用，在光線的安排上，必須順應基地位置，讓光從立面開口與天窗注入，除了創造出常見的側光、順光，也可以結合頂光**運用不同方向的光線**，映襯出侘寂氛圍講究的細節美感。

Point4. 大膽混搭，水晶燈化為發光的植物

素雅的水泥空間中，置入了一盞通透的水晶燈，看似會與空間調性發生衝突的組合，卻可以製造意想不到的效果。**水晶燈通透的材質與妖嬈的曲線**，透過光的折射與映照，將燈具的意象昇華，**在夜晚看起來就像一顆會發光的植物**，為空間帶來迷離的效果水泥與通透的水晶以及玻璃，在空間中有節奏地重複出現，讓整體保有一致性，若專注凝視，又能從中窺見材料物性的本質之美。

材　質

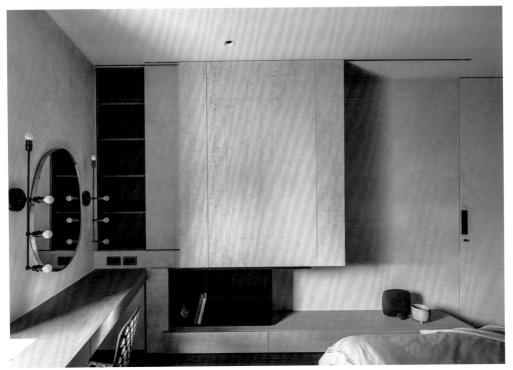

圖片提供／Peny Hsieh x 源原設計

Point1. 特殊塗料，體現自然元素的肌理

侘寂講求自然與質樸，由礦物調和而成的特殊塗料，可在空間中呈現自然材質的肌理以及樣貌，不論是溫暖的土牆、細緻的清水模、仿金屬鏽化的質地，都可以達成。胡廷璋設計師表示，特殊漆會在不同的工序中透過改變手法，創造出不同的質感，**手刷或局部打磨**都能創造自然中原始、粗糙的質地，由於充滿細節，大面積使用反而更有利於整體空間氛圍的形塑，緊扣自然感。

Point2. 粗獷水泥，呈現質樸與原始氣息

水泥作為堆砌的建築材料，一直予人粗獷原始的印象，但這種天然未經修飾的質感，卻相當適合運用在侘寂風的空間中。擅長水泥澆灌的連浩延設計師指出，水泥本身的質感與紋理蘊藏許多細節，凹凸的面以及微小的氣孔，光是加入光線就能展現出豐富的色階。水泥澆灌後必須以時間等待凝固，這樣的過程無形中也凝聚的空間的基調，**大面積的運用能呈現如洞穴般的包覆感**，予人安心平穩的感受。

Point3. 運用木紋，表現材質自然紋理

木頭本身的特性，容易留下歲月的痕跡，甚是能體現侘寂不圓滿、黯然、枯寂，甚至是粗糙的美。謝和希設計師指出，木頭的材質能為清寂的空間注入溫暖的感受，由於空間內東西少，在材質挑選上就必須更加精雕細琢，像是為櫃體挑選**紋理特殊的木皮**，或是選用**舊木作為展示桌板**，都能讓材質成為空間中的主角，天然的紋路、溫潤的觸感，都不斷地暗示刻意營造的低調細節。

Point4. 選用岩石，呈現原始沉穩氣息

石材從建築結構延伸至室內裝潢，不同紋理、色澤的石材賦予空間高雅雍容、自然大器、低調奢華的空間氣質。謝和希設計師指出，為了符合寂靜的氛圍，對於材質的要求，會挑選**霧面**，甚至是**肌理越明顯的素材**；除了天然石材外，人造石材中的「薄板」也是很棒的選擇，先進的印刷技術將石材獨特的紋理呈現在石英板上，輸出的面積突破磁磚的限制，更能展現大器與俐落，對應於不同的空間尺度，改變使用的面積，可在壁面、檯面、門板等地方應用，展現空間主人不凡的品味。

/ 色彩運用

How to do?	
低彩度色調，鋪陳放鬆氣息	☐
歸納用色，統合整體空間	☐
減少視覺負擔，創造無壓空間	☐
單色、中性色系，營造極簡生活空間	☐

侘寂風
配色攻略

20%
50%
30%

■ 材料
■ 塗料
■ 軟裝

Point1. 低彩度色調，鋪陳放鬆氣息

侘寂空間中強調歲月流逝、產生變化所凝結的氣氛，許多空間都會以中性色為主，搶眼的跳色或高彩度的色塊，並不適合在這樣的空間中出現。樹木、砂土、石頭，鏽化的金屬，都能成為侘寂風的用色靈感，**掌握低彩度的色系，延伸出相近的色階，亦能為**空間鋪陳放鬆的氣息；此外調整色塊出現的比例，也能為空間增添層次，提升質感。

Point2. 歸納用色，統合整體空間

要塑造侘寂「無中萬般有」的意境，在設計的落實層面上必須從歸納用色下手。胡廷璋設計師分享，他習慣讓在空間中減少材質的種類，讓 2 ～ 3 種材質本身的顏色作用在空間中，這些**基本色在不同的材質與設計上演繹本身的質感**，錯落穿插地出現在空間中，為視覺帶來輕盈的效果，引領居住者卸下重擔，讓心靈回歸平靜。

Point3 減少視覺負擔，創造無壓空間

要為簡約的空間定調，並創造出質感，必須先考量整個空間的量體，以及將來要放置其中的物件，才能體現去蕪存菁後的精緻俐落。胡廷璋設計師解釋，人的大腦會不自覺地分析眼前所看到的景象，因此**歸納空間中的材質種類與色調**，以及物件的數量，就能掌握空間的基調，塑造一個自在、無壓的空間。

Point4. 單色、中性色系，營造極簡生活空間

在打造侘寂風居家的色彩運用中，強調極簡至上是一個重要的概念。避免過多的裝飾和複雜的設計，將空間保持極簡、純粹。選用**單色或中性色系**，避免過多的色彩變化，以營造出寧靜且平和的視覺效果。家具和裝飾品的挑選也以簡約為主，追求實用性和簡潔感，避免過多的細節和複雜的形狀。這種極簡風格的設計能夠讓居住者在簡約中找到平靜，達到空間和心靈的寧靜統一。

圖片提供／覺知造所

／ **家具軟裝**

How to do?	
籐編、木質家具，為空間注入自然	☐
大地色系沙發，平衡清冷空間	☐
設計師單品，增添空間藝術性	☐
陳舊的生活器物，帶出歲月感	☐
相近年代物品，搭配創造和諧感	☐
棉麻織物，感受自然氣息	☐
陶器擺件，增添空間溫潤感	☐
預先留空間，襯托藝術蒐藏	☐

Point1. 籐編、木質家具，為空間注入自然

侘寂強調物件的本質，不介意出現歲月的痕跡，甚至以此為美。棲仙陳設選物所 SECLUSION OF SAGE 主理人 Sophie 建議，可以選用帶有自然感的**籐編材質**，以及**木製家具**妝點空間。不論是籐還是木頭，光是材質本身的纖維、顏色、紋理都傳達出自然與原始，這些家具也會因為長期的使用，累積歲月的痕跡，隨著空間與使用者出現細微的改變，體現侘寂欣賞不完美的自然精神。

Point2. 大地色系沙發，平衡清冷空間

不管希望營造何種風格，沙發都是空間中的主要角色，從材質與色系的選擇就能呈現不同的居家氛圍。Sophie 指出，**米、灰、白、奶茶色**等大地色系能給予人溫暖的感受，為空曠的空間增加份量感卻不顯得厚重；弧形的沙發設計在輪廓上更加柔軟，讓整體視覺感到更清爽，像是知名軟裝師 Kelly Hoppen 的作品，就是不錯的選擇。

Point3. 設計師單品，增添空間藝術性

侘寂風的空間正因簡約、物件少，因此更加**重視質感**，除了空間**材質上的細節**，每一件單品都必須夠精緻到位，才能與整體的低調氛圍匹配。謝和希設計師舉例，在單品上的選擇可以**融入藝術的眼光**，像是挑選世界名椅，在生活中實現典藏藝術，這些單品是設計以及工藝的精粹，光是本身的豐富度與美感，就能吸引人的目光，反覆咀嚼。

Point4. 陳舊的生活器物，帶出歲月感

老件的生成是物與時代發生化學反應後的產物，反映時光深鑿慢刻的軌跡，Sophie 認為，這些生活器物必須具備某些條件，像是**厚實的材質**、**精細的結構與做工**，才能讓物件在漫長的時光中不斷積累，不論是鏽蝕、風化、油脂的浸潤，這些都必須缺損的恰到好處，才能在形式、色彩、質感上達到巧妙的平衡，這樣的過程與結果，與侘寂空間中欲追求的意境不謀而合。

Point5. 相近年代物品，搭配創造和諧感

陳列的藝術與手法能讓空間質感升級，單品之間的搭配將影響整體的和諧以及視覺效果，Sophie 建議在選擇這些單品或是物件時，可以依個人的興趣以及喜好作為延伸，相同時代下所使用的器物會因為時空背景相同具有某種程度上的一致性，適度的安排在空間中出現，更容易讓人在凝視時聯想到背後的故事與背景，**不對稱、不和諧的擺放手法**，更能體現侘寂所闡述的灑脫自在。

Point6. 棉麻織物，感受自然氣息

棉麻元素所呈現的自然感，可為空間增添柔軟的感受，Sophie 認為棉麻的製品帶有強烈的纖維感，以及清爽、溫暖的顏色，選擇相關的織物製成的軟件，像是**方巾、蓋毯、抱枕等隨意錯落的披掛或擺放**，都能與空間內的其他自然材質互相呼應，產生層次，無意識的讓人解放緊繃的情緒，更容易藉由觸覺以及視覺的引導達到心靈平靜的境界。

Point7. 陶器擺件，增添空間溫潤感

由黏土燒製而成的陶器不管是粗胚還是上釉都別有一番風味，從破裂的茶碗看出侘寂之美，千年以前就已存在。**陶器的質感以及紋理相當能體現侘寂的精神**，自身擁有許多各式各樣的陶器蒐藏，甚至在自己的家中規劃整面牆陳列。選擇用有天然感的陶製器物，不論是花器或是藝術品，都能讓整體空間更扣合侘寂主題。

Point8. 預先留空間，襯托藝術蒐藏

精緻的骨董與藝術品，是侘寂空間中呈現高級的低調手法，謝和希設計師建議，若屋主本身有特定的蒐藏，可在溝通後確認物件的大小，配合空間的尺度安排擺放的位置，同時也應**注意燈光是否會對藝術品本身造成傷害**，在悉心的安排下，將眼光聚焦於藝術品本身，藉由作品的魅力渲染留白的空間，創造不同層次的美感體驗。

圖片提供／Peny Hsieh × 源原設計

Solution 160

第一次裝潢就上手，居家風格指南懶人包

作　　者｜ i 室設圈｜漂亮家居編輯部
責任編輯｜許嘉芬
美術設計｜莊佳芳
編輯助理｜劉婕柔

發 行 人｜何飛鵬
總 經 理｜李淑霞
社　　長｜林孟葦
總 編 輯｜張麗寶
內容總監｜楊宜倩
叢書主編｜許嘉芬

出　　版｜ 城邦文化事業股份有限公司 麥浩斯出版
地　　址｜ 104 台北市中山區民生東路二段 141 號 8 樓
電　　話｜（02）2500-7578
傳　　真｜（02）2500-1916
E-mail　｜ cs@myhomelife.com.tw

發　　行｜ 英屬蓋曼群島商家庭傳媒股份有限公司城邦分公司
地　　址｜ 104 台北市民生東路二段 141 號 2 樓
讀者服務電話｜ 02-2500-7397；0800-033-866
讀者服務傳真｜ 02-2578-9337
訂購專線｜ 0800-020-299（週一至週五上午 09:30 ～ 12:00；下午 13:30 ～ 17:00）
劃撥帳號｜ 1983-3516
劃撥戶名｜ 英屬蓋曼群島商家庭傳媒股份有限公司城邦分公司

香港發行｜ 城邦（香港）出版集團有限公司
地　　址｜ 香港九龍土瓜灣土瓜灣道 86 號順聯工業大廈 6 樓 A 室
電　　話｜ 852-2508-6231
傳　　真｜ 852-2578-9337
電子信箱｜ hkcite@biznetvigator.com

馬新發行｜ 城邦〈馬新〉出版集團 Cite（M）Sdn.Bhd.（458372U）
地　　址｜ 11,Jalan 30D ／ 146, Desa Tasik, Sungai Besi,
　　　　　 57000 Kuala Lumpur, Malaysia.
電　　話｜ 603-9056-3833
傳　　真｜ 603-9056-2833

總 經 銷｜ 聯合發行股份有限公司
電　　話｜（02）2917-8022
傳　　真｜（02）2915-6275
製版印刷｜ 凱林彩印股份有限公司
版　　次｜ 2024 年 3 月初版一刷
定　　價｜ 新台幣 480 元

國家圖書館出版品預行編目 (CIP) 資料

第一次裝潢就上手, 居家風格指南懶人包 /i 室設圈｜
漂亮家居編輯部作 . -- 初版 . -- 臺北市 : 城邦文化事業
股份有限公司麥浩斯出版 : 英屬蓋曼群島商家庭傳媒
股份有限公司城邦分公司發行 , 2024.03
　面；　公分 . -- (Solution；160)
ISBN 978-626-7401-39-2(平裝)

1.CST: 家庭佈置 2.CST: 室內設計 3.CST: 空間設計

422.5　　　　　　　　　　　　　　　113002171